Erfolgreich mit Persönlichkeit und Charisma

Antje Heimsoeth

Haufe.

Inhalt

Die Persönlichkeit — 5
- Beeindruckend! — 6
- Persönlichkeit – was ist das überhaupt? — 8
- Starke Persönlichkeiten — 18
- Nehmen Sie sich ein Beispiel! — 22

Selbstreflexion – die Frage nach dem eigenen Ich — 27
- »Erkenne dich selbst« — 28
- Was Selbsterkenntnis bringt — 32
- Fragen zur Selbstreflexion — 34

Charisma – das besondere Etwas — 39
- Was ist eigentlich Charisma? — 40
- Bringen Sie sich zur Wirkung! — 47
- Charisma ist kein Garant für gute Taten — 56

Die innere Einstellung — 57
- Dankbarkeit — 58
- Werte als Ausdruck der Persönlichkeit — 63
- Starke Persönlichkeiten haben klar definierte Ziele — 70
- Was macht eine authentische und charismatische Persönlichkeit aus? — 74
- Perspektivenwechsel — 78

Die starke Führungspersönlichkeit — 83
- Führung braucht Persönlichkeit — 84
- Selbstwahrnehmung und Selbsterkenntnis — 87
- Motivation durch Beziehung — 94
- Umgang mit Niederlagen und Scheitern — 97
- Vom Sport lernen — 102

Veränderung der Persönlichkeit: Was ist möglich? — 107
- Möglichkeiten und Grenzen — 108
- Veränderung – eine Lebensaufgabe — 111
- Stabilität und Veränderung — 116

- Literatur — 122
- Stichwortverzeichnis — 124
- Interviewpartner:innen — 126
- Die Autorin — 127

Vorwort

»Nur Persönlichkeiten bewegen die Welt, niemals Prinzipien.«, sagte Oscar Wilde einst. Doch was ist eine Persönlichkeit? Was macht sie aus? Wie entsteht sie? Und: Lässt sie sich ändern?

Instinktiv spüren wir es, wenn wir einen Menschen mit starker Persönlichkeit vor uns haben. Doch in Worte zu fassen, was genau diese ausmacht, fällt uns unendlich schwer. In diesem TaschenGuide gehe ich auf Spurensuche, gemeinsam mit meinen Interviewpartner:innen, erfahrenen Coaches und Führungspersönlichkeiten aus der Wirtschaft.

Dieser TaschenGuide nimmt Sie mit auf eine spannende Reise durch die menschliche Persönlichkeit. In einer Ära der Veränderungen brauchen wir heute mehr denn je Persönlichkeiten als menschliche Basis für Wachstum, Kraft und Größe.

All das wünsche ich Ihnen! Nun aber erst einmal viel Spaß beim Eintauchen in die Welt der Persönlichkeit,

Ihre Antje Heimsoeth

Die Persönlichkeit

Jeder Mensch hat eine Persönlichkeit. Sie zu ergründen, hilft uns dabei, andere und uns selbst besser einschätzen zu können. Ein guter Grund, sich mit diesem komplexen Thema zu beschäftigen.

In diesem Kapitel lesen Sie,

- was die Persönlichkeit eines Menschen ausmacht,
- welche Eigenschaften eine starke Persönlichkeit besitzt,
- wie wichtig Vorbilder sind.

Beeindruckend!

Kennen Sie Jacinda Ardern? Sie ist Vorsitzende der New Zealand Labour Party und Premierminister von Neuseeland. Für mich ist sie eine der beeindruckendsten Persönlichkeiten der Welt. Sie ist ein Leader und eine inspirierende Mentorin, von der wir alle lernen können. Ob eine tödliche Pandemie die Nation bedroht oder sie selbst mitten in einem Live-Interview im Parlamentsgebäude von einem Erdbeben überrascht wird, Jacinda Ardern reagiert gelassen und souverän. Sie verbindet eine fundierte Entscheidungsfindung mit Mitgefühl. Ein echtes Vorbild und starkes Beispiel für den Weg nach vorne für Führungskräfte und Unternehmer. »We will get through this together, but only if we stick together, so please be strong and be kind.« Auch, wenn hier konkret die Corona-Krise gemeint ist, lassen sich diese kraftvollen Worte einer phänomenalen Frau auf so viele Situationen im Leben übertragen. Was ich an ihrer Aussage so schätze, ist, dass Jacinda Ardern die Möglichkeit betont, stark *und* freundlich zugleich zu sein. So viele Leute glauben, dass es möglich ist, *nur* stark oder *nur* freundlich zu sein. Impliziert wird damit leider, dass Freundlichkeit zugleich schwach ist. Dabei gehört beides – und noch so vieles mehr – zu einer Persönlichkeit dazu. Beides, »strong« und »kind«, ist erlaubt. Ja beides ist sogar notwendig, wenn wir zusammen, und das ist der herausragenden Politikerin ebenso wichtig, etwas bewegen wollen.

So unterschiedlich und einzigartig wir Menschen in unserer Persönlichkeit sind, so verschieden müssen wir auch miteinander umgehen. Wissend, dass *jeder* anders ist. Darauf vertrauend, dass *jeder* zu diesem Zeitpunkt sein Bestes gibt. Und in der Hoffnung, dass wir gemeinsam vorwärtskommen.

Eine gute Grundlage dafür ist zum einen Wissen. Das Wissen oder vielmehr die Erkenntnis, was uns als einzigartige Persönlichkeit ausmacht. Warum der andere so ist, wie er ist, oder auf die eine oder andere Weise handelt, können wir manchmal nur erahnen. Umso sicherer wissen wir, dass Menschen Ecken und Kanten haben. Dass es charismatische Zeitgenossen gibt. Und beides zugleich auch immer eine sehr subjektive Wahrnehmung und Einschätzung ist. Besonders spannend für mich waren und sind in diesem Zusammenhang immer die Fragen: »Was macht Menschen für andere interessant?«, »Was lässt Charakter hervortreten?«, und: »Wann und wie werden Menschen als (starke) Persönlichkeit wahrgenommen?«

Neben dem Wissen ist ein zweiter wichtiger Punkt die Erfahrung. Wir begegnen im Leben unzähligen Menschen, sammeln also Erkenntnisse im Umgang mit Charaktermerkmalen und Aspekten, die eine Persönlichkeit ausmachen. Inwieweit gibt dies Orientierung im Alltag und Beruf? Wie wichtig ist das in der Führung? Und welche Rolle spielt die Selbstreflexion dabei? Wie schwierig es ist, sich selbst zu verändern, davon können die meisten Menschen ein Lied singen. Warum wir dann allerdings ständig versuchen, andere zu ändern, wird ein Rätsel bleiben. Zumindest können wir dann alle Verantwortung von uns weisen, wenn etwas nicht klappt.

Persönlichkeiten sind felsenfest von etwas überzeugt. Das konnte ich in der Vergangenheit immer wieder feststellen. Ob Unternehmerin, Politiker, Managerin, Top Trainer oder Sportlerin – Persönlichkeiten, die ein klares Bild von der Zukunft haben, gehen ein bewusstes Commitment mit sich selbst ein, alles dafür zu geben, das gesteckte Ziel zu erreichen. Eine Einstellung und Haltung im Leben, von der viele profitieren, weil Leader mit Persönlichkeit auch andere an ihrer Vision teilhaben lassen.

Persönlichkeit – was ist das überhaupt?

> »Nicht in dem, was man besitzt, in dem, was man ist, äußert sich die Persönlichkeit.«
> *(Oscar Wilde)*

Was verleiht Menschen Persönlichkeit, ja, was ist das überhaupt, Persönlichkeit? Sind es die Erfahrungen oder doch eher die Gene? Ist es die Umwelt oder ist es unsere Bereitschaft, uns im Laufe unseres Lebens zu verändern und weiterzuentwickeln? Aber entwickeln wir dabei nicht eher Fähigkeiten als Persönlichkeit? Sind die Merkmale unserer Persönlichkeit nicht doch im Kern festgeschrieben? Spannende Fragen, die Forscher seit über 120 Jahren dazu bewegen, den Begriff Persönlichkeit definieren zu wollen. Es ist nur ansatzweise gelungen – und auf sehr unterschiedliche Art und Weise.

Eine einheitliche Theorie oder Definition von Persönlichkeit gibt es nicht. Aber ein paar für die Praxis nützliche Grundlagen können wir doch zusammentragen.

Die Wurzel des Begriffs

Spannend ist schon der lateinische Ursprung des Begriffs Persönlichkeit. Die »Persona« kann sowohl mit Maske (die des Schauspielers) als auch mit Rolle, Charakter, Person (ebenfalls im Schauspiel) übersetzt werden. Hinzukommen die Rolle und Stellung eines Menschen im Leben und eben die Persönlichkeit, Person, Eigenart. Nicht umsonst wird in Marketing und Vertrieb ein fiktives »Persona-Profil« definiert, in dem die Eigenschaften und Bedürfnisse einer Zielgruppe festgelegt sind.

Oft lesen oder sprechen wir davon, dass jemand »seine wahre Persönlichkeit zeigt«. Diese kann sich durchaus hinter einer Maske verbergen. Oder wir schlüpfen beispielsweise im Beruf in eine Rolle, in der wir oftmals – bewusst oder unbewusst – anders agieren, als wir das tun, wenn wir uns in einem vertrauten Umfeld befinden.

Eine Annäherung an die Definition

Der erste Weg auf der Suche nach einer Definition des Begriffs Persönlichkeit führt meist, ohne den Anspruch wissenschaftlicher Fundiertheit, auf wikipedia.de. In der freien Enzyklopädie ist zu lesen: »Der Begriff Persönlichkeit (abgeleitet von Person) hat die Individualität jedes einzelnen Menschen zum Gegenstand und bezeichnet meist einen lebenserfahrenen, reifen Menschen mit ausgeprägten Charaktereigenschaften. Dabei geht es um die Frage, hinsichtlich welcher psychischen Eigenschaften sich Menschen als Individuen oder in Gruppen voneinander unterscheiden. ‚Temperament' und ‚Charakter' sind ältere Fachbezeichnungen und nicht als Synonym zu verwenden, da sie zum Teil eine andere Bedeutung haben.«

»Lebenserfahren«, »reif«, zumindest »meist« – das würde nahezu ausschließen, dass es auch junge Menschen mit Persönlichkeit gibt. Ausgeprägte Charaktereigenschaften, aber der »Charakter« ist es nicht ... Sie merken schon, das hilft uns noch nicht viel weiter.

Halten wir jedoch schon einmal Folgendes fest: Wir müssen trennen zwischen dem Menschen, seiner Persönlichkeit und dem Verhalten und uns eingestehen, dass diese Trennung wie auch die Bewertung immer rein subjektiv sind. Damit wird es jedoch schwer, Persönlichkeit zu definieren.

Die Frage, was wir im Alltag unter Persönlichkeit verstehen, beantworten Franz J. Neyer und Jens B. Asendorpf in ihrem Buch »Psychologie der Persönlichkeit«: »Unter der Persönlichkeit eines Menschen wird die Gesamtheit seiner Persönlichkeitseigenschaften verstanden: die individuellen Besonderheiten in der körperlichen Erscheinung und in Regelmäßigkeiten des Verhaltens und Erlebens.« Zu letzterem Aspekt ergänzt der Professor für Persönlichkeitspsychologie Jens B. Asendorpf: »Der Begriff der ‚Regelmäßigkeit' impliziert dabei eine zeitliche Stabilität und tatsächlich beginnt die menschliche Persönlichkeit sich bereits im Kindes- und Jugendalter zu stabilisieren.«

Die Persönlichkeit ist einzigartig

Persönlichkeit besitzen wir bereits, wenn wir auf die Welt kommen. Denn schon als Babys und Kleinkinder zeigen Geschwister oft vollkommen unterschiedliche Verhaltensweisen. Das werden alle Mehrfacheltern bestätigen können.

Jeder Mensch verfügt über eine einzigartige Persönlichkeit, und zwar völlig unabhängig von den eigenen kognitiven Fähigkeiten und dem Wissen, das man sich im Laufe seines Lebens angeeignet hat.

Verschiedene Persönlichkeiten zeigen verschiedene typische Verhaltensmuster im Alltag. Die einen verhalten sich offen und zugewandt, andere eher zurückhaltend oder schüchtern. Wieder andere reagieren schnell empfindlich oder bleiben resistent. Manche leben konventionell und nach Regeln, andere sind spontan und kreativ. Die einen sind organisiert, die anderen unbekümmert, kooperativ oder Eigenbrötler.

> Die Persönlichkeit eines Menschen ist so einzigartig wie sein Fingerabdruck. Und so viele Persönlichkeitsmerkmale es gibt, die sich vergleichen lassen, so gibt es eben doch keine zweite identische Kombination.

Und wie sieht es mit Äußerlichkeiten aus?

In der oben zitierten Definition von Persönlichkeit war auch von den »individuellen Besonderheiten in der körperlichen Erscheinung« die Rede. Sprechen wir einem schönen, stattlichen, großen Menschen also mehr Persönlichkeit zu als einem weniger schönen, unbedeutend wirkenden, kleinen Menschen? Verstehen Sie mich bitte nicht falsch, ich möchte damit weder etwas werten, noch jemanden be- oder gar verurteilen. Mir geht es vielmehr darum, dass wir uns einmal selbst fragen und eine ehrliche Antwort darauf finden: Woran machen wir, Sie und ich, Persönlichkeit fest?

Eine Persönlichkeit haben oder sein?

Sie merken es schon, interessant und erstrebenswert erscheint es uns, eine Persönlichkeit zu sein, nicht nur, wie jeder Mensch, eine zu haben. Stellen wir uns dazu doch einmal diese spannenden Fragen:

- Was hebt eine Persönlichkeit aus der Masse, was zeichnet sie aus?
- Was macht sie für andere interessant?
- Warum halten wir sie für besonders und für charismatisch?

Wenn wir ehrlich sind, können wir manchmal gar nicht so genau sagen, was es wirklich ist, wovon genau wir uns angezogen fühlen, oder was uns überzeugt hat. Manchmal ist es vielleicht der außergewöhnliche Wissensschatz eines Experten in seinem Fachgebiet, manchmal die Lebenserfahrung einer weisen alten Dame und manchmal die unerschütterliche Überzeugungskraft eines Mitarbeiters, der zu seinen Werten steht.

STATEMENTS VON FÜHRUNGSKRÄFTEN

Einige Führungskräfte, die ich zu diesem Thema befragt habe, gaben die folgenden Antworten.

Gabriele Mair, international als HR-Führungskraft tätig, betont: »Persönlichkeiten haben eine spezielle Natur, ein spezielles Wesen, eine spezielle Form – sie sind sehr individuell in ihrer Art und in ihrem Sein und stehen auch klar zu ihren Werten und Überzeugungen. Sie sind offen und haben einen starken Charakter, welcher sie auszeichnet.«

Sarah Fink, Marketing Acceleration Director Europe bei der Mars GmbH, setzt etwas andere Schwerpunkte: »Aber da gibt es eben diese Menschen, die irgendwie auffallen, besonders sind. Die, die wir als ‚starke Persönlichkeiten' beschreiben. Bei diesen Menschen ist oftmals mindestens eine dieser inneren oder äußeren Eigenschaften stärker ausgeprägt als bei anderen. Diese Menschen erlebe ich als sehr gefestigt, absolut im Einklang mit sich selbst, mit einem hohen Maß an Resilienz. Starke Persönlichkeiten sind authentisch. Sie sind sehr klar, in dem was sie tun, aber auch in dem, was sie nicht tun. Sie umgeben sich gerne mit anderen Menschen, die sie inspirieren, ihnen Energie geben. Um ‚Energievampire' machen sie gekonnt einen großen Bogen.«

Claudia Kimich, Diplom-Informatikerin, systemischer Coach, Trainerin und Rednerin fügt hinzu: »Persönlichkeiten leben ihr Leben selbstbestimmt und ändern etwas, wenn es für sie nicht mehr passt. Kurzum: Eine Persönlichkeit ist selbstbewusst, selbstsicher, selbstreflektiert, steht zu sich und ihren Themen, ist gelassen und zufrieden.«

Persönlichkeit einschätzen

Wenn ich weiß, wo ich selber stehe und wie ich tendenziell reagiere, hilft mir das im Umgang mit anderen. Zugleich kann ich meine Persönlichkeit besser entwickeln, wenn ich meine Stärken und meine Veranlagung kenne. Und je besser wir die Persönlichkeit anderer einschätzen können, umso leichter tun wir uns im sozialen Umfeld. Wissen wir beispielsweise, dass jemand sehr emotional und empathisch ist, bringen wir diesem Menschen eine schlechte Nachricht eher schonend bei. Haben wir ein perfektionistisches Gegenüber, bemühen wir uns, die an uns übertragene Aufgabe vielleicht sorgfältiger auszuführen. Und einem Menschen, der sehr aufgeschlossen ist, muten wir eine Neuerung leichter zu, als demjenigen, der ängstlich im Umgang mit Veränderungen ist.

> Je besser wir uns und andere in ihrer Persönlichkeit einschätzen können, umso leichter wird das Miteinander, beruflich wie privat.

Auch wenn wir mit unseren rein subjektiven Einschätzungen natürlich nicht immer richtig liegen und uns unsere Überzeugungen, manchmal in die Irre führen – so ist ein gutes Verständnis der Persönlichkeit anderer doch in jedem Fall wichtig für die Orientierung im Alltag und Beruf.

Die Persönlichkeit ändern?

Ob wir von der Gesellschaft anerkannte Persönlichkeiten betrachten oder uns einfach nur einmal in unserer Familie, in unserem Bekanntenkreis oder im beruflichen Umfeld umsehen – wie oft haben wir uns nicht schon gefragt: Wo er oder sie das wohl herhat? Vor allem die Zwillingsforschung hat sich über Jahrzehnte sehr intensiv damit auseinandergesetzt, ob nun die Gene, sprich unsere Anlage, oder doch vielmehr die Umwelt unser Schicksal beeinflussen. Bei den Persönlichkeitsmerkmalen haben immer beide Bereiche – Genetik und Umwelt – einen

Einfluss darauf, wie wir uns entwickeln und welche Unterschiede in unserer Persönlichkeit festzustellen sind. »Dabei schwankt der relative Anteil dieser beiden Einflussklassen von Merkmal zu Merkmal, Altersgruppe zu Altersgruppe und Population zu Population«, erklärt der Psychologe Jens P. Asendorpf in seinem Buch »Persönlichkeit. Was uns ausmacht und warum«. Er betont: »... der einzelne Mensch ist weder Opfer seiner Gene noch Opfer seiner Umwelt.«

Schließlich haben wir da ein Wörtchen mitzureden. Wir können unsere Haltung gegenüber Menschen und Umständen steuern und unsere Umwelt auswählen. Dazu zählt auch, mit welchen Menschen wir uns umgeben. Unsere Bezugspersonen, von den Eltern angefangen, über Freunde, Lehrer oder Lebenspartner bis hin zu Mentoren oder Förderern im Berufsleben, üben schließlich manchmal mehr, manchmal weniger starken Einfluss auf uns aus.

Unser soziales Milieu bestimmt mit, wie wir uns entwickeln und wie sich unsere Persönlichkeit formt. Umgekehrt hat natürlich auch unsere Persönlichkeit einen entscheidenden Einfluss darauf, in welchem Milieu wir uns bewegen. Vielleicht ein guter Grund, immer mal wieder über den eigenen Tellerrand hinauszublicken und sich bewusst auf unbekanntes Terrain zu begeben, fremde Menschen kennenzulernen, sich mit neuen Themen auseinanderzusetzen. Ein wichtiger Wachstumsfaktor für uns Menschen.

Dies alles führt uns zu der Erkenntnis, dass nichts für alle Zeiten festgeschrieben ist. Manche genetischen Merkmale, wie beispielsweise die Anfälligkeit für bestimmte Krankheiten, können wir durch eine bewusste Veränderung der Umwelt beeinflussen. Ähnlich können wir unsere Persönlichkeitsentwicklung zumindest mitbestimmen, wenn auch die Grundzüge nicht komplett verändern. Im letzten Kapitel dieses TaschenGuides »Veränderung der Persönlichkeit – was ist möglich?« werden wir uns diesem Thema noch etwas ausführlicher widmen.

Das Big-Five-Modell

Bei all den Definitionen, ob aus der Wissenschaft oder der Praxis, fällt auf, dass immer wieder von verschiedenen Eigenschaften oder Persönlichkeitsmerkmalen gesprochen wird. Manchmal werden einige dieser Charakteristika auch genannt. Aber was sind denn nun die zentralen Eigenschaften einer Persönlichkeit? Gibt es denn so etwas wie einen »Inner Circle« der Merkmale, die uns zu einer Persönlichkeit machen?

Hilfreich dafür ist das Modell der Big Five aus der Persönlichkeitspsychologie. Bereits in den 1930er Jahren beschäftigten sich drei Wissenschaftler, Louis Thurstone, Gordon Allport und Henry Sebastian Odbert, damit. Der lexikalische Ansatz, aufbauend auf der 1884 von Francis Galton ansatzweise formulierten Sedimentationshypothese, geht davon aus, dass sich Persönlichkeitsmerkmale in der Sprache niederschlagen. Anhand von knapp 18.000 Begriffen aus dem Wörterbuch kristallisierten sich fünf stabile und unabhängige Dimensionen heraus, die eine Einordnungsmöglichkeit für Menschen bzw. deren Persönlichkeit bieten sollen:

- Offenheit für Erfahrungen (Aufgeschlossenheit),
- Gewissenhaftigkeit (Perfektionismus),
- Extraversion (Geselligkeit),
- Verträglichkeit (Rücksichtnahme, Kooperationsbereitschaft, Empathie) und
- Neurotizismus (emotionale Labilität und Verletzlichkeit).

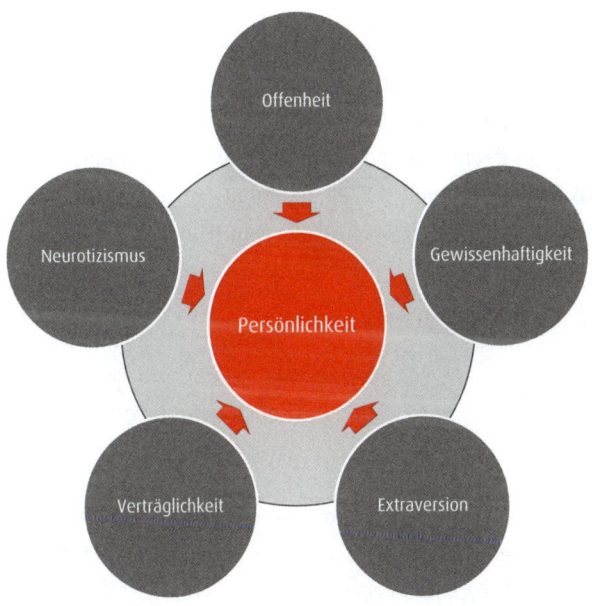

Big Five

Im Laufe der Zeit wurde das Modell der Big Five immer wieder wissenschaftlich bestätigt. Aber auch, wenn es in der Praxis sehr verbreitet und inzwischen international als Standard in der Persönlichkeitsforschung gilt, ist es doch nach wie vor umstritten. Und zwar deshalb, weil – so die Meinung der Kritiker – manche Fähigkeiten nicht thematisiert werden. Beispielsweise Intelligenz oder Sportlichkeit bzw. Musikalität ebenso wie gesundheitliche Aspekte, der Körperbau oder die Religiosität, auch Werthaltungen werden nur zum Teil erfasst.

Ist man sich dieser Begrenztheit bewusst, bilden die Big Five jedoch weltweit aufgrund ihrer Unabhängigkeit von Sprache, Kultur und Alter eine gute Basis, um Persönlichkeitstypen vergleichen, definieren und besser einordnen zu können. Wie Sie das Modell sinnvoll nutzen, erfahren Sie im letzten Kapitel »Veränderung der Persönlichkeit – was ist möglich?«.

Starke Persönlichkeiten

> »Was einer ist, ist sein eigenes Produkt
> und das seiner ganzen Vergangenheit.«
> *Joseph Görres)*

Es gibt zahllose Eigenschaften, die wir starken Persönlichkeiten zuschreiben würden, etwa: Optimismus, starkes Charisma, Zielorientiertheit, Entschlossenheit, Durchsetzungskraft, Überzeugungskraft, Selbstdisziplin, mentale Stärke, Flexibilität, Selbstüberzeugung, Selbstsicherheit, Selbstvertrauen, Mut, Ehrgeiz,

Aufgeschlossenheit, Verantwortungsbewusstsein, Standfestigkeit, Vertrauens- und Glaubwürdigkeit, Fleiß, Zielstrebigkeit, Widerstandskraft, Selbstmotivation, Willenskraft, Unbeschwertheit, Sinn für Humor, Unabhängigkeit ... Die Liste ließe sich noch beliebig fortführen.

Falls Sie die eine oder andere Eigenschaft entdeckt haben, von der Sie glauben, sie nicht zu besitzen, keine Sorge: Das heißt weder, dass Sie keine starke Persönlichkeit sind, noch, dass Sie keine werden können. Die genannten Eigenschaften können zudem unterschiedlich ausgeprägt sein, und auch die stärkste Persönlichkeit besitzt sicher nicht alle und zu jeder Zeit. Und das ist auch gar nicht nötig, denn wir brauchen für die unterschiedlichen Aufgaben im Leben jeweils unterschiedliche Eigenschaften. Und mit jeder erfüllten Aufgabe, jedem gelösten Problem bauen wir unsere Eigenschaften aus und vertiefen sie.

Unterschiedliche Ausprägungen

Ja, wir wissen, dass sich Persönlichkeit schwer verändern lässt. Das heißt aber nicht, dass das gänzlich ausgeschlossen ist. In jedem Menschen steckt jede der genannten Eigenschaften. Allerdings in unterschiedlicher Ausprägung. Und die gilt es zu beachten, wie Axel Esser, unter anderem früherer sportpsychologischer Betreuer der deutschen Hockey-Damen-Nationalmannschaft, feststellt: »Für mich geht es weniger um die Frage, was für Eigenschaften starke Persönlichkeiten haben, sondern mehr um die Stärke der Ausprägung. Insofern kann eine sehr starke Ausprägung eines Zuges der Persönlichkeit sich ins pathologische übersteigern – etwa von ‚gesunder' Selbstliebe hin zu einem ausgeprägten Narzissmus, der die Persönlichkeitsstruktur bestimmt.«

So können eigentlich positive Eigenschaften zum Problem für einen selbst und für das soziale Miteinander in Familie und Job werden. Dann gilt es, starke Eigenschaften einzugrenzen, abzumildern und in eine gesunde Balance zu bringen.

> Die Eigenschaften einer starken Persönlichkeit treten in unterschiedlichen Ausprägungen auf. Wir haben die Möglichkeit, darauf bewusst einzuwirken und uns so weiterzuentwickeln.

Persönlichkeit zeigen

> »Persönlichkeit ist, was übrigbleibt, wenn man Ämter,
> Orden und Titel von einer Person abzieht.«
> *(Wolfgang Herbst)*

Wen wir als Persönlichkeit betrachten, hängt stark von der eigenen Persönlichkeit ab. Grundsätzlich mögen wir Menschen, die uns ähnlich sind. Gleichen wir uns allerdings zu sehr, kann das schon wieder hinderlich sein. Eine Entwicklung, ein Fortschritt ist schwierig, wenn wir gedanklich immer auf einer Wellenlänge sind, kein kreativer Austausch stattfinden kann. Umgekehrt schätzen wir Menschen oft nicht, ja sie »nerven« uns regelrecht, gerade wenn sie Eigenschaften besitzen, die wir gerne hätten (auch wenn wir das manchmal nicht zugeben wollen). Und dann gibt es auch noch Persönlichkeiten, bei denen wirklich niemand infrage stellt, dass sie außergewöhnlich sind und aus der Masse heraustreten, unabhängig davon, ob in positiver oder eher negativer Weise.

BEISPIEL: BILL MCDERMOTT

Nicht nur die getönte Brille bleibt in Erinnerung, die er seit einem Sturz trägt, bei dem er durch einen Glassplitter sein linkes Auge verlor. McDermott gilt als großartige, starke Führungspersönlichkeit. Vor allem seine klaren Ansagen und ein inspirierender Führungsstil machten ihn als Vorsitzender von SAP nach nur 10 Jahren an der Spitze unsterblich. Der US-amerikanische Manager übergab 2019 die Führung an andere, zu einem Zeitpunkt, an dem SAP äußerst erfolgreich war.

Was für ihn zentral ist, schrieb er 2016 in einer Mail an seine Belegschaft: »Die wichtigsten Titel werden nie auf unseren Visitenkarten stehen: Mutter, Vater, Tochter, Freund das ist es, was uns wirklich ausmacht. ... Der Familie oberste Priorität einzuräumen, wird uns stärker erfüllen und uns die notwendige Inspiration mitgeben, um erfolgreich in unseren Jobs zu sein. Die besten Führungskräfte sind diejenigen, die die Familie immer an die erste Stelle gesetzt haben. Es macht sie auch im Büro viel produktiver. Ich bekomme zu Hause Anerkennung dafür, dass ich eine gute Führungskraft im Büro bin, aber die Anerkennung, an der ich wirklich interessiert bin ist, dass ich ein guter Vater bin und dass ich ein guter Ehemann bin.« (aus: Der Erfolgreiche Weg 05/2019)

Rampenlicht oder Nett-sein sind kein Garant für Persönlichkeit

Persönlichkeiten wie Bill McDermott gibt es in allen Bereichen, in der Wirtschaft genauso wie in der Politik, im Sport oder im Showbusiness. Doch ist auch jeder Prominente automatisch auch eine Persönlichkeit? Lassen Sie mich an dieser Stelle mit ein paar gängigen Vorurteilen rund um die Persönlichkeit aufräumen:

- Erstens: Nicht alle Menschen, die im Rampenlicht stehen, sind Persönlichkeiten. Auch wenn das viele von sich selbst glauben oder mit einer Selbstverständlichkeit einfordern, die sie eher zur No-Go-Persönlichkeit macht.
- Zweitens: Persönlichkeiten sind nicht diejenigen Menschen, die durchgängig nett sind. Nichts gegen Nettigkeit, aber wir nehmen jemanden oft gerade dann als Persönlichkeit wahr, wenn er oder sie klare Kante zeigt. Ein Charakter eben, weder perfekt noch unfehlbar, mit all seinen Stärken, aber gerne auch Schwächen.
- Drittens: Menschen mit Persönlichkeit müssen nicht stark sein. Ich bin fest davon überzeugt, dass jeder Mensch, auch Chefs und Führungskräfte, in schwierigen Zeiten auch einmal die eigene Unsicherheit zum Ausdruck bringen darf. Wichtig ist nur, dass Sie darin nicht verharren, die Schockstarre möglichst bald überwinden und zeigen, dass Sie in der Lage sind, neue Perspektiven einzunehmen und neue Wege zu gehen.

Nehmen Sie sich ein Beispiel!

Persönlichkeiten können Vorbilder für uns sein. Menschen, die wir für etwas, das sie geleistet haben oder getan haben, bewundern, von denen wir uns etwas abschauen, die uns inspirieren. Für mich sind solche starken Persönlichkeiten so unterschiedliche Menschen wie Bodo Janssen, Pep Guardiola, Jürgen Klopp, Oliver Kahn, Dr. Fischer-Heidlberger, Franz-Josef Strauß, Otto von Habsburg, Marie von Ebner-Eschenbach, Bundespräsident Frank Walter Steinmeier, Queen Elizabeth, Dalai Lama, Dieter Zetsche, Barack Obama, Ronald Reagan, Mutter Theresa, Jacinda Ardern, Gandhi, Angela Merkel (hoch intelligent, rational, gute Selbstbeherrschung, wenngleich keine besonders mitreißende Art zu reden). Ohne Wertung anhand der Reihenfolge und Anspruch auf Vollständigkeit.

Wie unterschiedlich die Antworten auf die Frage nach konkreten Persönlichkeiten ausfallen können, zeigen nachfolgende Auszüge aus meinen Interviews:

Axel Esser: »Das sind alle, über die eine situationsüberdauernde stabile Verhaltensweise berichtet wurde. Da sind zum einen humanistisch ausgerichtete Personen wie Ghandi. Auf der anderen Seite auch Personen, die genau gegenteilig gehandelt haben, wie verschiedene Diktatoren.«

Claudia Kimich: »Der Klassiker für mich ist tatsächlich Pippi Langstrumpf mit meinem Lieblingszitat: »Alles geht, nur Vögel fliegen, außer Strauße, die rennen.« Im echten Leben sehe ich folgende Persönlichkeiten:

Stefan Kretschmer, Handballer, ist sich immer treu geblieben und hat sich von den Medien nicht instrumentalisieren lassen. Wenn die nicht wollen, sucht er sich einen Sponsor und macht sehr erfolgreich eine eigene Sportkommentarsendung auf facebook.

Andreas Lutz, Vorstand des Verbands der Gründer und Selbstständigen Deutschland e.V. – er steht für die Themen, kann darüber eher eine Enzyklopädie als nur ein Buch schreiben, kämpft dafür aus tiefster Überzeugung und ist dabei immer sachlich und diplomatisch.

Thomas Sattelberger, Bundestagsabgeordneter, tritt für seine Themen ein, auch wenn es unbequem ist, und ist dabei das Gegenteil von einem Fähnchen im Wind.«

Sarah Fink: »Definitiv meine beiden Söhne Max und Lenny. Ich bewundere immer wieder ihr hohes Maß an Resilienz. Kinder probieren sich aus, scheitern, stehen wieder auf und probieren es gleich noch einmal. Das Maß ihrer Selbstfürsorge ist unglaublich. Sie tun von Natur aus das, was ihnen guttut (wenn man sie lässt). Max und Lenny sind mit sich selbst völlig im Einklang. Die Meinung der anderen ist ihnen egal. Sie sind gut so, wie sie sind. Und das aus tiefster Überzeugung. Sie umgeben sich ausschließlich mit Menschen, die ihnen guttun. Wenn sie jemand mit negativer Energie begegnen, der vielleicht einen schlechten Tag hat, oder selber mit sich nicht im Einklang ist, dann machen sie um diesen Menschen einen großen Bogen und sagen auch deutlich, dass sie mit dieser Person heute lieber keine Zeit verbringen möchten. Einige der Gründe, warum die beiden für mich starke Persönlichkeiten und große Vorbilder sind.

Eine dieser starken Persönlichkeiten ist auch meine Freundin Insa Klasing. Mit Insa zusammen habe ich vor vielen Jahren ein englisches Start-up nach Deutschland gelauncht. Insa war damals gerade einmal Ende 20 und hat souverän auf Konferenzen vor den Größen des deutschen Handels präsentiert. Es folgte eine steile Karriere von der Geschäftsführerin KFC Deutschland bis hin zur Selbstständigkeit, als sie mit ihrem Bruder und einer Freundin ein Coaching-Start-up gründete. Insa ist einer dieser wahnsinnig inspirierenden Menschen, die es verstehen, andere weiterzuentwickeln und sich dabei selber zurückzunehmen. Sie überlässt ihren Mitarbeitern den Ruhm und freut sich an den Erfolgen anderer. Sie ruht in sich selbst und strahlt diese Ruhe auch in jeder noch so hektischen Situation aus. Insa ist ganz klar in dem, was sie tut. Sie hat klare Ziele und geht ihren Weg. Komme, was wolle. Ihr Level an Resilienz ist beachtlich und sorgt dafür, dass Mitarbeiter ihr auch in stürmischen Zeiten folgen.«

Nach diesen Inspirationen sind nun Sie an der Reihe. Wer ist für Sie eine Persönlichkeit und aus welchen Gründen? Notieren Sie hier drei Menschen, die Ihrer Meinung nach eine (starke) Persönlichkeit sind bzw. haben:

Persönlichkeiten, die ich schätze:

1. _____

Die Begründung: _____

2. _____

Die Begründung: _____

3. _____

Die Begründung: _____

Auf einen Blick: Die Persönlichkeit

- Jeder Mensch hat eine einzigartige Persönlichkeit – unabhängig von Alter, Geschlecht, Kultur oder der körperlichen und geistigen Verfassung.
- Ob wir einen Menschen – inklusive uns selbst – als Persönlichkeit wahrnehmen oder nicht, unterliegt der subjektiven Bewertung. Wir berufen uns dabei auf Eigenschaften, die Äußerliches und das Verhalten eines Menschen betreffen.
- Menschen in ihrer Persönlichkeit einschätzen zu können, ist hilfreich im sozialen Miteinander – beruflich und privat.
- Die Entwicklung unserer Persönlichkeit wird von unseren Genen und unserer Umwelt beeinflusst. Im Zusammenhang werden oft die Begriffe Charakter und Ausstrahlung genannt. Wir können sie bis zu einem gewissen Grad aktiv beeinflussen.
- Starke Persönlichkeiten können uns als Vorbild und Inspirationsquelle dienen.

Selbstreflexion – die Frage nach dem eigenen Ich

Menschen entwickeln sich weiter durch Beobachten und Verändern des eigenen Denkens, Handelns und Wirkens. Dies ist allerdings nur möglich, wenn wir erst einmal reflektieren, was uns ausmacht. Reflexion ist ein wesentlicher Schlüssel zur Selbsterkenntnis. Und damit eine wichtige Voraussetzung, um unsere Persönlichkeit zu entdecken – und uns zugleich weiterzuentwickeln.

In diesem Kapitel lesen Sie,

- warum es sinnvoll ist, sich selbst besser verstehen zu lernen,
- mit welchen Fragen Sie Ihrer Persönlichkeit auf die Spur kommen,
- warum uns Selbstreflexion ein Leben lang begleiten sollte.

»Erkenne dich selbst«

> »Die Selbsterkenntnis gibt dem Menschen das meiste Gute,
> die Selbsttäuschung aber das meiste Übel.«
> *(Sokrates)*

Wissen Sie, wer Sie sind? (Illustration: Kerstin Diacont)

Wir glauben zu wissen, wer wir sind – nur weil wir uns schon ewig kennen. Dabei dürfen wir unserer Selbsteinschätzung nicht immer vertrauen. Unser Verstand ist nicht der beste Berater, wenn es um Selbstreflexion und Selbsterkenntnis geht. Allzu gerne erzählen wir wir uns selbst Geschichten, wir analysieren, beurteilen, geben uns Ratschläge oder üben sogar harte Selbstkritik. Geht es darum, sich selbst zu erkennen, ist all dies für uns oft nur wenig hilfreich und förderlich. Und das ist auch kein Wunder, schließlich erleben wir uns überwiegend aus der Innensicht. Es ist unser Selbstbild, das wir über Jahrzehnte hinweg erschaffen haben, das manchmal durch andere bestätigt wird, und das wir manchmal auch gegen die Meinung anderer verteidigen. Wir sehen die Welt durch unsere Augen.

Und so nimmt auch unser Gegenüber uns auf seine Weise wahr. Wir können uns also oftmals auch nicht allzu sehr auf das Feedback von außen verlassen. Zu unterschiedlich sind die Rückmeldungen, die wir bekommen – je nachdem, wer sie uns gibt, wie und wann.

Zu berücksichtigen sind außerdem die Aspekte der Selbstdarstellung, das heißt der Unterschied zwischen dem, was wir sind, und dem, was wir nach außen zeigen.

Wenn wir zu mehr Selbsterkenntnis gelangen wollen, ist es sinnvoll, uns immer wieder der Selbstreflexion zu stellen. Nutzen Sie dazu im ersten Schritt die folgenden Fragen:

- Wie nehme ich mich als eigene Persönlichkeit wahr?
- Wie möchte ich auf andere wirken?
- Was möchte ich mit meinem Leben bewirken?
- Wofür stehe ich?
- Wofür arbeite ich?
- Führe ich mich selbst?
- Wer bin ich?

- Woher komme ich?
- Wohin führe ich mich selbst?

Gedanken sind keine Fakten (Illustration: Kerstin Diacont)

Beobachten und bewerten Sie dazu Ihre Verhaltensweisen, Gedanken, Emotionen und Gefühle wie Ärger, Neid und Bitterkeit. Bedenken Sie aber, dass es sich bei Ihren Gedanken nicht um objektive Wahrheiten und Fakten handelt. Sie können und müssen sogar jedes Mal aufs Neue entscheiden, was Ihre Aufmerksamkeit verdient hat, welche inneren Kommentare es wert sind, gehört zu werden, und welche Gedanken sich lohnen, verfolgt zu werden.

Keine Angst vor der Wahrheit

Wir Menschen neigen dazu, zu verdrängen, leider nicht selten sogar das, was uns im Innersten ausmacht. Lieber spielen wir irgendwelche Rollen im Leben. Je länger wir das tun, desto schwerer fällt es uns, zum Kern unseres Selbst zurückzukehren. Zugegeben: Sich auf die Suche danach zu machen, kann Angst auslösen. Aber es lohnt sich! Regelmäßige Selbstreflexion führt uns immer näher zu uns und lässt uns authentischer werden. Damit steigt auch unsere Überzeugungskraft bei anderen. Das geht allerdings nicht von heute auf morgen. Dazu braucht es Geduld, eine gehörige Portion Disziplin und regelmäßiges Mentaltraining.

BEISPIEL:

Bodo Janssen, Geschäftsführer von Upstalsboom, einem der führenden Hotelunternehmen an der Nord- und Ostsee, hat vor vielen Jahren nach einer vernichtenden Bewertung seiner Führungsqualitäten einen wichtigen, wenn auch extremen Schritt in Richtung Selbstreflexion getan: Er ging ins Kloster, um sich ganz bewusst selbst zu finden. Die Erkenntnisse aus dem Alltag der Mönche mit ihren strikten Regeln, der Meditation und Selbstreflexion vermittelt er inzwischen auch seinen leitenden Angestellten. Er hat zu seiner Persönlichkeit gefunden.

Training gehört zum Wachstumsprozess

Selbstreflexion hat einen Startpunkt, aber kein Ende. Solange wir leben, verändern wir uns. Zu dieser fortlaufenden Veränderung gehört auch immer ein Abgleich zwischen den gesetzten Zielen (Handlungs-, Ergebnis-, Mottoziele und Sich-selbst-Führen), dem aktuellen Stand (IST-Analyse) und eventuell nötigem Nachjustieren, um die Zielfahne zu sehen.

Selbstwahrnehmung und Selbstreflexion gelingen leichter und gehen tiefer, wenn wir ungestört sind – ohne Radio, Internet und TV – und nicht Stress und Trubel um uns herum wie wild toben, was sowieso schon viel Kraft und Energie kostet. Deswegen ist Bodo Janssen damals ins Kloster gegangen. Und aus diesem Grund bieten heute Veranstalter zusammen mit Trainern spezielle Auszeiten im Kloster für Führungskräfte an. Gerade in Zeiten von Homeoffice wissen wir alle, wie schwer es ist, sich selbst zu reflektieren, wenn man zwischen Schreib- bzw. Esstisch, Kinderzimmer und Küche hin- und hergetrieben wird und so kaum ein normaler Arbeitstag zu gestalten ist. Da hilft nur eines: Nicht allzu streng mit sich selbst zu sein, sondern gelassen auf die eigenen Schwächen und Blockaden zu blicken. Dann steht einer offenen, ehrlichen und wirkungsvollen Selbstreflexion nichts mehr um Wege. Außer einem – Sie selbst.

Was Selbsterkenntnis bringt

Auf den letzten Seiten haben Sie vielleicht bereits Ihre Persönlichkeitsmerkmale ausgemacht. Oder vielleicht sind Sie noch mitten in Ihrem Selbstreflexionsprozess. Bleiben Sie unbedingt am Ball, weil genau das die Voraussetzung dafür ist, die eigene Persönlichkeit besser zu begreifen – und auch die Ihrer Mitmenschen. Das macht auch das soziale Miteinander einfacher und erfüllender.

- Selbsterkenntnis ist der Schlüssel zu uns selbst.
- Selbsterkenntnis ist der erste Schritt zur Besserung und der Schlüssel zu nachhaltigem Erfolg.
- Selbsterkenntnis ist der Schlüssel zu erfolgreicheren Mitarbeitern und Teams.

- Sich selbst verstehen, hilft, andere zu verstehen.
- Selbsterkenntnis macht uns innerlich freier.
- Selbsterkenntnis bereitet den Weg für ein erfülltes Leben.
- Selbsterkenntnis ist der Schlüssel zu Glück und tiefer Erfüllung.
- Selbsterkenntnis ist eine Voraussetzung für unsere Beziehungsfähigkeit.
- Selbsterkenntnis ist die Basis für das Erreichen der eigenen Ziele.

Keine Persönlichkeitsentwicklung ohne Selbsterkenntnis

In der Psychologie bezeichnet das Selbstbild die Vorstellung über die eigene Person. Zum Teil spielt hier der Begriff der personalen Identität mit hinein. Tatsächlich weiß das Umfeld aber oft Dinge über uns, die wir persönlich gar nicht wahrnehmen oder von uns denken würden. Wir brauchen Feedback von außen durch Freunde, Bekannte, Kollegen und Mitarbeiter. So können blinde Flecken aufgedeckt werden.

Die Reflexion eines unbewussten Verhaltensmusters hilft, eigene Schwächen zu minimieren und gleichzeitig die eigenen Stärken zu stärken. Selbstreflexion bedeutet, sich von außen den Spiegel vorhalten zu lassen. Meine Aufgabe als Business Coach ist genau das: auf etwas hinzuweisen, zu »spiegeln«.

BEISPIEL: IN DEN SPIEGEL BLICKEN

Für meine Coachees hat dieser Spiegel viel verändert, so beispielsweise für eine Führungskraft, die immer nur sehr negativ über ihre Mitarbeiter und ihren Chef gesprochen hat. Eine bittere Pille für die Führungskraft, das eigene Verhalten tatsächlich so klar und deutlich gespiegelt zu bekommen. Aber manchmal muss einfach die (innere) Brille geputzt werden.

Veränderung ist möglich

Unsere Selbsterkenntnis ist ebenso wenig neutral wie es die Beschreibung einer anderen Person wäre. Haben wir das erst einmal verstanden, gehen wir sicherlich behutsamer mit uns und den in der Selbsterforschung gemachten Erkenntnissen um. Wir können uns leichter auf die Selbstreflexion einlassen und einen ebenso offenen wie kritischen Blick wagen, wenn wir wissen, dass nichts, was sich uns dort zeigt, auf Dauer festgeschrieben ist. Wir können und dürfen uns verändern, ja wir müssen es sogar – heute mehr denn je. Oder um mit den Worten von Mahatma Gandhi zu sprechen: »Sei du selbst die Veränderung, die du dir wünschst für diese Welt.«

Fragen zur Selbstreflexion

Wer um Zusammenhänge und Muster weiß, durchschaut sie schneller – bei sich und anderen. Ob ich deshalb auch besser damit umgehen kann, steht auf einem anderen Blatt. Doch wenn ich ein Bewusstsein dafür entwickelt habe, kann ich vieles früher abblocken, im Keim ersticken oder umschiffen.

Wir sind heute vielen Einflüssen ausgesetzt: nörgelnden Kollegen, unter Kosten- und Leistungsdruck stehenden Vorgesetzten, Zweiflern, Bedenkenträgern, einer extrem kritischen Gesellschaft. Durch Persönlichkeitsentwicklung kann ich bewusster entscheiden, was ich an Einflüssen an mich heranlasse.

Selbstreflexion in der Auseinandersetzung mit den eigenen Persönlichkeitsmerkmalen hilft, destruktive Strategien im eigenen Verhalten aufzudecken – und für die Zukunft zu verändern. Doch die wenigsten Menschen beschäftigen sich im Alltag mit ihren Stärken, Talenten, Ecken, Macken, Schwächen, Schattenseiten, Gewohnheiten und Glaubenssätzen. Ebenso wenige machen sich ihre beruflichen und privaten Ziele sowie ihre Erfolge bewusst oder setzen sich mit ihren Ängsten und Unsicherheiten auseinander. Sie lassen außer Acht, welchen Einfluss ihr Umfeld auf sie hat und unterschätzen den Stellenwert eines guten Beziehungsmanagements. Wer den Schritt in die Persönlichkeitsentwicklung wagt, wird feststellen, dass all diese Punkte berührt und hier direkte Veränderungen ausgelöst werden – auch wenn man dadurch kein völlig anderer Mensch wird. Trotzdem lohnt es sich, regelmäßig zurückzuschauen und aus Erfahrungen zu lernen.

BEISPIEL: AUFDECKEN DESTRUKTIVER STRATEGIEN

Neulich erzählte mir ein Klient, was die Selbstreflexion bei ihm bewirkt hat. Er habe verstanden, so sagte er, dass er mit seinem Verhalten seine Ehe in den Sand gesetzt habe. Er sei früher sehr erfolgreich, aber auch sehr arrogant gewesen. Immer, wenn seine Frau ihn kritisiert habe, habe er mit Kommunikationsverweigerung und Sexentzug reagiert. Sie durfte ihn in solchen Momenten nicht einmal mehr berühren. Damit habe er einer lebendigen Beziehung jeden Raum genommen.

Konkrete Fragen zur Selbstreflexion

Um die eigenen Stärken, Schwächen, Charakterzüge und Wertvorstellungen besser kennenzulernen, helfen Ihnen die folgenden Fragen.

Fragen, die Sie sich zur Selbstreflexion stellen können
- Was oder wer inspiriert mich?
- Wie reagiere ich auf etwas?
- Worin finde ich Lebensfreude?
- Worauf hoffe ich?
- Was möchte ich schöpferisch leisten?
- Was würden meine Freunde über mich sagen?
- Wie wichtig ist es für mich, wie andere über mich denken?
- Wie viel Zeit investiere ich täglich in mich und meine Entwicklung?
- Was würde ich aufgeben, um mehr Zeit für mich zu haben?
- Wo sollte ich meinen Standpunkt überdenken?
- Unter welchen Umständen bezeichne ich mein Leben als gelungen?
- Wie viel Erfolg brauche ich persönlich?
- Worauf bin ich stolz in meinem Leben?
- Was habe ich geleistet?
- Was sollen andere Menschen in zehn Jahren über mich denken und äußern?
- Wann und wie lebe ich meine Stärken?
- Was würde ich machen, wenn ich keine Angst hätte?
- Was regt mich besonders auf?
- Wann und wie stoße ich mit meinen Schwächen an Grenzen?
- Angenommen, ich könnte von vorne beginnen: Was würde ich anders machen?
- Für welche Werte will ich stehen?
- Was müsste ich tun, um mein Ziel zu erreichen?
- Glaube ich daran, dass ich dieses Ziel erreiche?

> **Fragen, die Sie sich zur Selbstreflexion stellen können**
> - Falls nicht: Warum traue ich den Zweifeln mehr als meinem ersten Impuls?
> - Was brauche ich im Leben?
> - Worin finde ich Lebensfreude?
> - Was möchte ich kreieren?
> - Wie kann ich andere für meine Ideen begeistern?
> - Was oder wer inspiriert mich?
> - Was habe ich schon erreicht und was möchte ich noch erreichen?
> - Wo sollte ich meinen Standpunkt überdenken?
> - Wie kann ich mehr Wertschätzung zeigen?
> - Wo und wie kann ich geduldiger sein?
> - Was würde ich machen, wenn ich keine Angst hätte?
> - Wenn etwas nicht so läuft, wie von mir gedacht, sind aus meiner Warte meist die anderen schuld?
> - Werde ich schnell ungeduldig?
> - Wenn ich in meinem Traumunternehmen den Job hätte, den ich anstrebe – wäre ich dann zufrieden?

Selbstreflexion ist ein Prozess, der erst mit dem Tod endet. Je besser Sie sich kennen, desto authentischer treten Sie auf, desto glaubwürdiger sind Sie und desto überzeugender wirken Sie.

Selbstdarstellung – alles nur Maske?

Vielleicht erinnern Sie sich noch an unseren Versuch ganz zu Beginn dieses TaschenGuides, eine umfassende Definition des Begriffes Persönlichkeit zu finden. »Persona«, die Maske, spielte dabei eine Rolle beziehungsweise ist sie das Bild des Menschen, der mehr oder weniger im »Theater« eine Persönlichkeit vorführt, wie sie vom »Publikum« gewünscht wird. Diese Form der Selbstdarstellung wird uns bewusst, wenn wir uns selbst reflektieren. Das Theater kann dabei genauso gut ein Meeting und das Publikum die Mitarbeiter sein. Das Verkaufsgespräch und der Kunde geben auch eine großartige Kulisse ab. Ebenso wie der Abendbrottisch und die darum versammelte Familie.

Wir meinen, dass wir hinter einer Maske sicherer wären. Weniger verletzlich. Souveräner. Doch sind wir das wirklich? Und vor allem kostet es nicht unendlich viel Kraft, von einer Rolle in die nächste zu schlüpfen? Wäre es nicht viel einfacher, einfach man selbst zu sein und auch sein zu dürfen? Sich nicht verstellen zu müssen? Also treten Sie raus aus der Selbstdarstellung, ergründen Sie mit der Selbstreflexion mehr von sich selbst. Genießen Sie diesen spannenden Prozess, der Sie näher und näher an Sie selbst heranführt.

Auf einen Blick: Selbstreflexion

- Reflexion ist ein wesentlicher Schlüssel zur Selbsterkenntnis und eine wesentliche Voraussetzung für die Persönlichkeitsentwicklung.
- Der Abgleich zwischen eigener Wahrnehmung (Selbstbild) und den Rückmeldungen von außen (Fremdbild) bringt uns dem Kern unserer Persönlichkeit näher.
- Wenn wir uns selbst besser verstehen, können wir auch andere besser verstehen.
- Authentisches Auftreten und Glaubwürdigkeit gründen auf Selbsterkenntnis.

Charisma – das besondere Etwas

Aus welchen Gründen haben manche Menschen eine charismatische Ausstrahlung und andere nicht? Was ist das besondere Etwas, das dafür sorgt, dass Zuhörer gebannt an ihren Lippen hängen und vor Begeisterung jedes Wort aufzusaugen scheinen?

In diesem Kapitel erfahren Sie,

- was Charisma ausmacht,
- warum es erlernbar ist,
- wie Sie Ihre Wirkung auf andere verstärken.

Was ist eigentlich Charisma?

> »Charisma ist die Qualität, die Leute dazu bringt, dir zu folgen. Es ist die Fähigkeit, zu inspirieren.«
> *(Lee Iacocca)*

Ein Mensch betritt einen Raum und fast aller Augen richten sich auf ihn. Ein Redner betritt die Bühne und das allgemeine leise Gemurmel verstummt innerhalb kürzester Zeit. Eine Führungskraft ergreift das Wort in einer lautstarken Diskussion und alle Mitarbeiter folgen sofort konzentriert ihren Ausführungen. Ist es die Autorität, die uns verstummen lässt? Ist es eine besondere Ausstrahlung, die uns in den Bann zieht? Oder ist es die Hierarchie, der wir folgen (müssen)? Das alles könnte man vermuten. Vollkommen zurecht. Aber es steckt doch etwas anderes dahinter, nämlich eine besondere Gabe, ein Talent, etwas, das Menschen in mehr oder wenig starker Ausprägung, manche aber auch gar nicht besitzen: Charisma.

Präsenz und Wärme ohne Berechnung

Zurückgehend auf das altgriechische Wort »char«, das so viel bedeutet wie beschenken, senden oder Gunst erweisen, und das griechische Wort Charisma, übersetzt mit Gnadengabe, wird Charisma bis heute als genau das aufgefasst: ein Geschenk Gottes an den Menschen. Schade eigentlich, denn dadurch herrscht immer noch die Meinung vor: Entweder jemand hat Charisma, weil man schöner, größer, besser gekleidet ist als andere oder anders auftritt, oder man hat es eben nicht. Und wer es nicht besitzt, wird auch nie in den Genuss kommen, charismatisch zu sein oder zu wirken.

Ja, das äußere Erscheinungsbild und Aussehen haben sicher etwas mit Charisma zu tun. Und ja, manche Menschen müssen gar nicht viel dazutun, um als schön betrachtet zu werden. Aber sind wirklich alle schönen Menschen automatisch charismatisch? Und sind charismatische Menschen immer schön? Sicher nicht. Auch Menschen wie Mutter Teresa oder der Schauspieler Peter Radtke, der unter der Glasknochenkrankheit litt, hatten Charisma, ohne irgendwelchen Schönheitsidealen zu entsprechen.

Schönheit mag ein wichtiger Faktor sein, aber Sie werden mir zustimmen, dass er nicht der allein ausschlaggebende ist. Da ist meist noch etwas anderes: Ein Funkeln in den Augen beim Erzählen. Ein Lächeln, das nicht nur die Lippen umfasst. Ein Händedruck, der uns das Gefühl vermittelt, unser Gegenüber nimmt uns – und in diesem Moment nur uns – wirklich wahr.

> Aufmerksamkeit und Wertschätzung, Wärme, Verständnis und Menschlichkeit, das ist es, was eine charismatische Persönlichkeit ausstrahlt – ohne Absicht und ohne eine Gegenleistung zu erwarten.

Wer die Ausstrahlung hat, hat die Macht

So ganz ist das nicht von der Hand zu weisen. Charisma, diese besonders starke, kraftvolle Ausstrahlung, ist verbunden mit einer besonderen Selbstsicherheit, mitreißenden Energie und großen Anziehungskraft. Ein als charismatisch bezeichneter Mensch glaubt meistens sehr an sich. Er ist von dem überzeugt, was er sagt und tut. Diese Überzeugung springt automatisch auf andere über – eine wesentliche Gabe für erfolgreiche Führung, eine schöne Art, andere zu inspirieren. Nicht umsonst wurde vom Soziologen Max Weber (1864 bis 1920) Charisma auch als eine Art von Herrschaft bezeichnet, die eine Sozialstruktur grundlegend verändern kann. Charisma verleiht Macht, das ist sicher nicht ganz von der Hand zu weisen.

Schauen wir doch einmal, was unsere Interviewpartnerinnen unter dem Begriff Charisma verstehen:

Beate Eberle stellt fest: »Wir alle haben es schon erlebt, wenn jemand den Raum betritt und sofort ist eine starke Aura, ja, auch Anziehung spürbar. Doch weshalb ist dies so? Für mich besteht Charisma in unserer persönlichen Ausstrahlung. Charismatisch ist jemand, der vermittelt, dass er weiß, was er will, mit gesundem Optimismus, Chancen und Potenziale einschätzen kann und mutig auf die eigenen Ziele zugeht. Eine charismatische Person berührt andere Menschen. Unter anderem aufgrund der Kunst des Zuhörens, Wahrnehmens und echter Anteilnahme. Charisma bedeutet: Gelassenheit, Humor, sympathisch und emphatisch sein, das Leben genießen, mit Intuition handeln. Solche Menschen besitzen ein starkes Selbstvertrauen und Selbstliebe. Und darin steckt bereits das Wort »Selbst«. Charisma, hat jemand, der stark bei sich selbst ist – das Bewusstsein für sich und den Moment hat. Je ausgeprägter und gefestigter unsere Eigenschaften und unser Bewusstsein sind, umso mehr strahlen wir von innen nach außen. Dadurch entsteht diese ganz besondere Ausstrahlung.

Eine charismatische Person zeichnet sich auch durch Interesse und Neugier aus. Jedoch ist Charisma auch situationsabhängig und somit kann sich die Ausstrahlung auch verändern. Im Gegenteil zur Persönlichkeit ist Charisma wiederum erlernbar. Also, lasst uns charismatisch werden.«

Sarah Fink fasst es folgendermaßen zusammen: »Menschen mit Charisma haben ein hohes Selbstvertrauen und eine hohe Selbstachtung. Sie sind im Einklang mit sich selber, sind im Flow und authentisch. Diese Menschen haben Ziele und verfolgen diese sehr fokussiert. Sie haben eine aufrechte Körperhaltung und sind dadurch »präsent«. Sie sind individuell, die beste Version ihrer selbst statt der Kopie eines anderen. Sie haben Ideale und stehen für diese ein. Charisma ist etwas wie eine Aura, die du spürst, wenn ein Mensch den Raum betritt, ohne dass du ihn siehst. Menschen mit Charisma inspirieren andere und stellen sicher, dass sie selber stetig inspiriert werden.«

Ein gutes Beispiel für eine charismatische Persönlichkeit ist Barack Obama. Als Redner wird er immer wieder verglichen mit John F. Kennedy oder Martin Luther King.

BEISPIEL: BARACK OBAMA

Der Strahlemann Obama hat ohne Zweifel eine außergewöhnliche Ausstrahlung. Das bestätigt jeder, der ihn auch nur einmal live auf der Bühne erlebt hat. Aber auch im Fernsehen kommt davon noch sehr viel an. Ob als

Präsident bei Pressekonferenzen im Weißen Haus oder später als Speaker auf weltweiten Veranstaltungen – seiner sympathischen Art können sich selbst politische Gegner nicht entziehen. An Barack Obama sieht man, welch enorme Wirkkraft Charisma und Charme haben, denn auch den sagt man ihm nach.

Charismatische Persönlichkeiten werden weniger streng beurteilt, man sieht über das eine oder andere hinweg, was man weniger sympathischen Zeitgenossen schneller vorwirft, getan oder unterlassen zu haben. Das betrifft übrigens nicht nur Wahlversprechen in der Politik.

Nur Charme oder doch schon Charisma?

Apropos Charme, dieser mit Charisma immer wieder in einem Zug genannte und verwendete Begriff gehört fest zu den positiv besetzten Begriffen rund um die Persönlichkeit. Allerdings müssen wir hier doch etwas unterscheiden:

- Während Charisma vor allem mit der Lebenserfahrung gedeiht, kann Charme bereits in jungen Jahren vorhanden sein. Das »um den Finger Wickeln« kennen wir sicher alle von unseren kleinen Neffen und Nichten, den eigenen Kindern oder denen unserer Freunde.

- Charme zeigt sich eher in Handlungen, während Charisma auch ohne wirken kann, allein durch das Auftreten.

- Charisma springt sofort ins Auge – und manchmal eilt es einer Person sogar voraus. Charme braucht Zeit, um seine Wirkung zu entfalten.

Gleich ist, dass beides eben nicht angeboren ist. Wir können sowohl unseren Charme als auch unser Charisma ausbilden, indem wir an unseren Einstellungen arbeiten und verschiedene Fähigkeiten und Fertigkeiten trainieren. Wir können Ausstrahlung entwickeln, indem wir entsprechend unseren Voraussetzungen einzelne Bausteine dafür auswählen, verändern und trainieren.

Charisma kann man (nicht) lernen

Fassen wir Charisma entsprechend dem oben genannten Wortursprung als Gnadengabe auf, wäre es unmöglich, Charisma zu erlernen. Und trotz aller Bemühungen verschiedener wissenschaftlicher Richtungen, den Begriff zu definieren und das Phänomen zu erklären, ist es bis heute nicht gelungen, *die eine* gültige Methode zu entwickeln, mit der sich Charisma tatsächlich erlernen ließe.

Einzelne Bausteine dagegen lassen sich sehr wohl trainieren. Allerdings wird man feststellen müssen, dass einzelne Bereiche wie Kommunikation, Rhetorik oder Präsentation so perfekt sein können, wie man mag. Dies ist noch lange kein Garant dafür, als charismatische Persönlichkeit wahrgenommen zu werden. Doch um genau diese Fremdwahrnehmung geht es. Charisma ist nichts, was man sich so einfach auf die Fahne schreiben kann. Die Auszeichnung »charismatisch« können einem nur die anderen zuschreiben.

Nicht immer ein positives Attribut

Dabei ist der Begriff »Auszeichnung« bereits fragwürdig. Und auch vor der allgemeinen Tendenz, Charisma immer als positives Attribut zu verwenden, möchte ich an dieser Stelle warnen. Zu viele Beispiele aus der geschichtlichen Vergangenheit und auch so mancher Staatschef der Gegenwart zeigen, dass Charisma durchaus auch das Potenzial hat, Menschen in eine falsche Richtung zu führen. Wenn zwar die Ausstrahlung vorhanden ist, aber die Verantwortung und manchmal die Kompetenzen fehlen, bringen auch charismatische Führungskräfte eher destruktive Ergebnisse. Wirkung ist eben doch nicht alles für den Erfolg – und dabei haben wir noch nicht einmal darüber gesprochen, wie Erfolg definiert ist beziehungsweise was der Einzelne im jeweiligen Fall als Erfolg bezeichnet.

Das innere Feuer

Die letzten Seiten haben gezeigt: Der Begriff »Charisma« bleibt schwer zu fassen. Li Liweng, Dramaturg der Ming-Dynastie, hat einmal gesagt: »Charisma ist im Menschen wie das Brennen beim Feuer, das Leuchten bei der Kerze, das Funkeln bei kostbaren Steinen, Gold und Silber. Es ist etwas Geistiges.« Ein passendes Bild, da Charisma offensichtlich auch damit zu tun hat, wie sehr ein Mensch in sich ruht. Aber es ist eben nicht nur die innere Ruhe, die charismatische Menschen verbindet. Hinzu kommt eine weitere Eigenschaft, die Charismatiker vereint: ihr inneres Feuer. Und es besteht ein Gleichgewicht zwischen den klaren Aussagen und den oftmals markanten äußerlichen Faktoren, zu denen Mimik und Gestik zählen.

Der Erfolgstrainer Nikolaus B. Enkelmann sagte über Charismatiker: »Charisma ist die Kunst, andere zu verzaubern. Charisma und Motivation hängen eng zusammen.« Dementsprechend würde in einer charismatischen Persönlichkeit also auch automatisch die Fähigkeit zu Führung und Management stecken. Und es stimmt ja auch, denn wir lassen uns tatsächlich von Charisma führen. Wir folgen charismatischen Typen mit den Augen, lauschen ihren Aussagen, empfinden sie als sympathisch und können uns ihrer Präsenz nicht entziehen. Ja, wir würden uns von ihnen (ent-)führen lassen, weil wir schneller als sonst Vertrauen fassen. Charmant ziehen sie uns in ihren Bann.

> Charisma ist eine Kombination aus Merkmalen, die uns fasziniert, beeindruckt und inspiriert. Sie führt dazu, dass charismatische Menschen oft in Führungsrollen gesteckt werden – ob sie es wollen und dazu bereit sind oder nicht.

Bringen Sie sich zur Wirkung!

Es ist keine magische Kraft, die uns, wenn wir nur lange genug warten, irgendwann mit Charme bestückt und uns Charisma schenkt. Wir müssen schon selbst etwas dafür tun. Ein erster Schritt in diese Richtung kann es sein, sich charismatische Persönlichkeiten anzusehen, zu analysieren, wie sie wirken, was sie sagen und wann und unter welchen Umständen andere Menschen besonders auf sie reagieren. Videos oder auch Audio-Aufzeichnungen von bekannten Rednern und Auftritten sind eine wahre Fundgrube für diejenigen, die sich mit Charisma intensiv beschäftigen wollen.

Tipps für (mehr) Charisma

Oft wird gesagt, dass Charisma nur für spezielle Bereiche wichtig sei: Schauspieler bräuchten Charisma, Politiker ebenso – und auch für Konzernmanager könne diese Eigenschaft durchaus hilfreich sein. Warum sollten also nicht auch Führungskräfte davon profitieren? Und was spricht eigentlich dagegen, dass jeder, der das will, seinen Charisma-Faktor erhöht?

> Fakt ist: Charisma erhöht den Status und den Einfluss. Bei Unternehmern, die mit ihrer Persönlichkeit für die Marke (ein)stehen, wird das immer wieder deutlich. Der Einfluss auf Mitarbeiter wie Kunden ist enorm. In Verhandlungen profitieren charismatische Menschen ebenso wie in jedem Gespräch, ob im beruflichen Umfeld, im Vereinsleben oder in der Familie.

Die folgenden konkreten Tipps werden Ihnen helfen, wenn Sie sich nicht länger mit der zweiten, dritten oder vierten Reihe zufriedengeben, sondern endlich selbst nach vorne treten und die eigenen Qualitäten besser wirken lassen wollen.

Schätzen Sie Ihre Einzigartigkeit

Kein Mensch ist wie der andere. Wenn Sie das erkennen und sich so akzeptieren und lieben lernen, wie Sie sind – mit all Ihren Besonderheiten und Ecken, Ihren Schwächen und Stärken, kann echtes Charisma von innen heraus wirken.

> Charisma entsteht aus Ihnen selbst heraus, aus Ihrer Einzigartigkeit.

Stehen Sie zu Ihrer Meinung

Eine charismatische Persönlichkeit versucht nicht, es jemandem recht zu machen. Sie handelt nach ihrem besten Wissen und Gewissen.

> Scheuen Sie sich nicht, Ihre Meinung und Ihre Haltung auch in der Öffentlichkeit klar auszudrücken.

Haben Sie ruhig den Mut, auch mal gegen den Strom zu schwimmen. Klare Kante zu zeigen ist allemal besser, als sich wie ein Fähnchen im Wind zu drehen. Haben Sie das Vertrauen der Menschen in Ihrem Umfeld erst einmal verloren, ist es schwierig, es wieder zurückzugewinnen.

Eine positive Lebenseinstellung

Kennen Sie den dänischen Weg zum Glück? Hygge ist eine Lebenseinstellung, die geprägt ist von Wohlbefinden und Vertrautheit, Gemütlichkeit und Geborgenheit. Eine positive Lebenseinstellung gibt uns selbst Sicherheit und erhöht so den Charisma-faktor.

Stoppen Sie übertriebene Selbstkritik

Immer wieder sagt uns eine innere Stimme, dass wir nicht klug, nicht liebenswürdig, nicht perfekt, nicht schön genug sind. Um diesen inneren Kritiker zu stoppen, nehmen Sie sich vor, jedes Mal, wenn Sie sich abwerten, mindestens drei bis fünf positive

Punkte an sich zu finden. Warum es nicht mit Oscar Wilde halten, der einst sagte: »Sich selbst zu lieben, ist der Beginn einer lebenslangen Romanze.«

> Sich selbst mindestens so viel Wertschätzung entgegenzubringen wie den eigenen Freunden, ist das Fundament, auf dem sich Charisma entwickeln kann.

Legen Sie Selbstvertrauen an den Tag

Wenn Sie selbst nicht an sich glauben – wer dann? Allerdings muss es sich dabei um ein gesundes Selbstvertrauen handeln. Das bedeutet ein hohes Maß an Selbstreflexion und Vertrauen in Ihre eigenen Fähigkeiten. Das ist es, was Sie charismatischer wirken lässt.

Jeder Mensch hat Talente, Stärken, Fertigkeiten und Fähigkeiten. Je besser Sie diese bei sich selbst kennen und je konsequenter Sie diese nutzen, umso mehr trauen Ihnen auch andere Menschen etwas zu.

> Selbstvertrauen ist ein Charisma-Multiplikator.

In der folgenden Abbildung finden Sie zahllose Charakterstärken. Gehen Sie die Begriffe doch einmal nacheinander durch und überlegen Sie, welche Sie sich selbst zuschreiben können. Freuen Sie sich an Ihren Stärken!

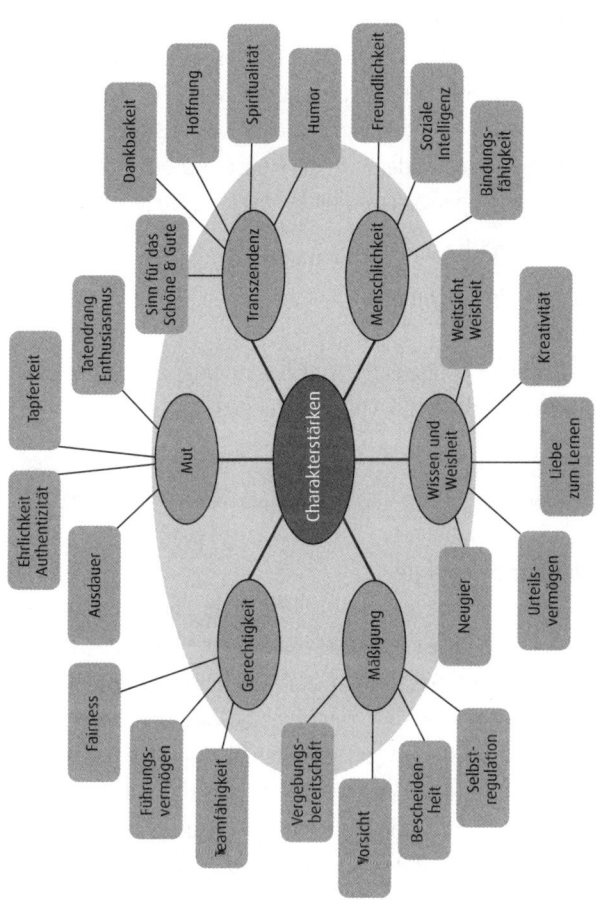

Charakterstärken

Zufriedenheit zählt

Wir leben landauf landab in einer Gesellschaft, die mehr auf die Probleme, Schwächen und Defizite von Menschen schaut als auf deren Stärken, Talente und die Erfolge. Das Leistungsprinzip und der Vergleich mit anderen fördern unsere Unzufriedenheit. Ändern Sie Ihren persönlichen Blickwinkel mit Fragen wie diesen:

- Was kann ich gut?
- Womit bin ich zufrieden?

Das bedeutet übrigens nicht, sich vom eigenen Ehrgeiz zu verabschieden oder sich keine Ziele mehr zu setzen.

> Nähren Sie Ihre Motivation durch positive Ziele und setzen Sie sie in eine gesunde Relation – für mehr Charisma ohne Perfektionismus.

Mitreißende Energie

Ist Ihr Energiefass leer, werden Sie nicht charismatisch rüberkommen. Daher ist es entscheidend, vor wichtigen Terminen, Auftritten oder Gesprächen beispielsweise ausgeschlafen zu sein. Das ist bei mir so, wenn ich einen Vortrag halte. Aber auch von Spitzensportlern weiß ich, dass sie vor einem Wettkampf ein bis zwei Stunden mehr schlafen, weil das auf ihre Leistung einzahlt. Fakt ist: Habe ich Ränder unter den Augen, fühle ich mich energielos, wird es schwer, einen charismatischen Vortrag zu halten. Warum sich also vor einer wichtigen Präsentation oder dem Gespräch mit einer Kundin nicht einen Powernap gönnen oder mit einer Bauchatmung/Meditation kurz entspannen.

Charisma ist Begeisterung

Gegen Begeisterung kann man sich nicht wehren. Wenn Sie von etwas absolut überzeugt sind, wird es Ihnen nicht schwerfallen, diese Begeisterung zu übertragen. Begeisterungsfähigkeit dient nicht nur Ihrem Charisma, sondern auch Ihrer Lebensfreude. Kinder sind da exzellente Vorbilder: Sind die von etwas begeistert, gibt es kein Halten mehr und schnell sind dann auch alle anderen positiv angesteckt. Charisma entsteht, wenn eine Idee Ihre Begeisterung weckt, Sie eine Aufgabe mit Begeisterung annehmen, Sie einen Sinn im Tun sehen.

Interessieren Sie sich für andere

Charismatische Menschen finden die richtige Balance zwischen der Wahrnehmung ihrer eigenen Bedürfnisse und der Anteilnahme und dem Interesse am Leben anderer Menschen. Zeigen Sie echtes und aufrichtiges Interesse. Ihr Gegenüber wird schnell merken, wenn Sie Interesse nur heucheln, und wann Sie tatsächlich mehr über ihn erfahren möchten. Interesse zeigen Sie übrigens auch durch Blickkontakt.

Begegnen Sie anderen Menschen auf Augenhöhe

Kein Mensch ist besser oder schlechter als der andere. Charismatische Persönlichkeiten machen keinen Unterschied, egal ob sie mit dem Bundespräsidenten sprechen oder der Dame, die ihnen beim Empfang die Drinks serviert.

Sie begegnen anderen Menschen – unabhängig von deren Stellung oder anderen Merkmalen – immer auf Augenhöhe. Sie tun es ohne Erwartung. Stille Wertschätzung zahlt sich aus.

Aufmerksamkeit

Wenn Sie in einem Gespräch schon eine Antwort formulieren, bevor der andere zu Ende gesprochen hat, ist das das Gegenteil von Aufmerksamkeit. Hören Sie zu und signalisieren Sie mit Augenkontakt, Mimik und Gestik, dass Sie voll und ganz dabei sind. Für die Erwiderung ist immer noch genügend Zeit, wenn Sie das Wort haben. Gestehen Sie Ihrem Gesprächspartner mehr Redezeit zu als sich selbst.

> Charismatische Persönlichkeiten begeistern Menschen, indem sie ihre Aufmerksamkeit (ver-)schenken – ohne Erwartung einer Gegenleistung. Sie gehen auf Menschen zu, konzentrieren sich intensiv auf ihr Gegenüber und sind präsent im Augenblick.

Merken Sie sich den Namen Ihres Gegenübers

Der eigene Name ist etwas sehr Persönliches und Wertvolles für einen Menschen. Sich an den Namen anderer zu erinnern, ist ein Zeichen von Interesse. Den anderen mit seinem Namen anzusprechen, ist ein Akt der Wertschätzung.

> Prägen Sie sich in Vorstellungsrunden den Namen aller gut ein, um die Betreffenden dann direkt namentlich ansprechen zu können.

Je öfter Sie den Namen am Anfang nutzen, umso besser verankert er sich in Ihrem Gedächtnis. Sie haben ihn dann auch noch nach einer längeren Zeit schneller parat. Aber Achtung: Übertreiben Sie die Namensnennung nicht.

Blicken Sie optimistisch nach vorn

Natürlich haben auch die größten charismatischen Persönlichkeiten hin und wieder Selbstzweifel. Doch ein gesunder, realistischer Optimismus verhindert, dass sich diese Selbstzweifel als negative, einschränkende Glaubenssätze im Kopf auf das Handeln auswirken.

Schulen Sie Ihre Rhetorik

Kommunikation ist das A und O. Manchmal reicht ein Wort und wir hängen unserem Gesprächspartner förmlich an den Lippen. Charisma und rhetorische Fähigkeiten gehen oft Hand in Hand.

Wenn Sie verstehen, wie Sie Ihre Worte richtig einsetzen und wie diese auf andere wirken, können Sie andere in Ihren Bann ziehen. Das Positive daran ist: Kommunikation und Rhetorik lassen sich trainieren. Zwei wesentliche Faktoren also, die es allen Menschen ermöglichen, charismatischer zu werden.

Achten Sie auf Ihre Körpersprache

Ihre Sprache, Gestik, Mimik, Kleidung, die Haltung und der Ausdruck Ihrer Gefühle bestimmen Ihren Gesamtauftritt. Charismatische Menschen sind bekannt für ihre Körpersprache, die zum Gesagten passt, ihre Körperspannung, ihre offene Mimik, Gestik und ein natürliches Lächeln. Dieses zeigt sich nicht nur an den nach oben gezogenen Mundwinkeln, sondern erreicht vor allem die Augen. Wie stark die Wirkung von Körpersprache sein kann, können Sie etwa bei Vorträgen oder Reden sehen.

> Wer voller Selbstvertrauen und mit Körperspannung spricht, gleichzeitig stimmige Gesten nutzt, um die eigenen Worte zu untermalen, wirkt überzeugender und charismatischer.

Lernen Sie von Vorbildern

Lernen kann man immer noch am meisten von denjenigen Menschen, die schon beherrschen, was wir gerne können würden. Auf dem Weg zu mehr Charisma lohnt es sich also immer, sich charismatische Vorbilder zu suchen und zu analysieren, was diese (anders) machen, wie sie sprechen, sich geben und aus welchen Gründen sie eine besondere Ausstrahlung haben. Wichtig ist dabei auch, dass Sie klar definieren, wo Sie hinmöchten, was Ihr gewünschter Endzustand ist.

Stellen Sie sicher, dass Sie IHRE eigenen Stärken und Fähigkeiten hervorheben und nicht versuchen, jemanden zu kopieren.

Charisma ist kein Garant für gute Taten

Zum Abschluss dieses Kapitels möchte ich noch einmal kurz auf die negativen Seiten des Charismas eingehen. Es ist nicht alles Gold, was glänzt. Und nicht jede charismatische Führungskraft hat auch die Kompetenzen oder gar den Charakter, um mit ihrem Charisma Gutes zu bewirken. Diesen Aspekt hatte ich zum Anfang dieses Kapitels im Hinblick auf die Historie bereits angedeutet. Inwieweit dies gerade bei der Diskussion um Persönlichkeit bei Führungskräften eine Rolle spielt, darauf gehe ich im entsprechenden Kapitel weiter ein.

Die innere Einstellung

Die innere Einstellung und die Persönlichkeit sind eng miteinander verbunden. Unser Denken und Handeln werden maßgeblich von unserer Haltung beeinflusst. Es lohnt sich, sie regelmäßig zu überdenken. Perspektivenwechsel bringen uns als Persönlichkeit voran.

In diesem Kapitel lesen Sie,

- welche Bedeutung der Dankbarkeit dabei zukommt,
- wie Werte und Ziele den Sinn fördern,
- warum wertschätzende Kommunikation auf unsere Persönlichkeitsentwicklung einzahlt.

Dankbarkeit

»Es ist also nicht das Glück, das uns dankbar macht, sondern es ist die Dankbarkeit, die uns glücklich macht.«
(David Steindl-Rast, Benediktinermönch)

Als »schnellsten Weg zu Glück« bezeichnet der Psychologie-Professor Barry Neil Kaufmann die Dankbarkeit. Und es stimmt. Lenken wir unseren Fokus auf die positiven Dinge im Leben, werden die Sorgen kleiner. Machen wir uns das Gute bewusst, das wir erleben dürfen, regt das unsere Glückshormone an. Deshalb habe ich dieses Thema auch an den Beginn dieses Kapitels gesetzt.

Dankbarkeit trägt zu einer positiven Persönlichkeit bei. Die Dankbarkeit, die hier auf unserer Reise durch die Persönlichkeit gemeint ist, meint nicht etwa ein schlichtes Dankeschön an andere. Sie sitzt tiefer – sie ist eine Haltung dem Leben gegenüber, ein Gefühl, eine Botschaft an uns selbst und die Menschen, die uns begegnen.

Denn nichts ist selbstverständlich, so gerne wir uns das auch vormachen, solange es uns gutgeht, wir gesund sind und Arbeit haben. Die meisten von uns wissen jedoch, wie schnell sich das Blatt wenden kann. Eine Krankheitsdiagnose in der Familie, ein Schicksalsschlag bei Freunden, eine Pandemie, die die Wirtschaft einbrechen lässt. Ich will den Blick nun gar nicht zu sehr auf Krisen oder Katastrophen lenken, sondern Ihnen vielmehr bewusst machen, dass es gute Gründe gibt, dankbar zu sein, und welch großartigen Einfluss die Dankbarkeit hat.

Dankbarkeit kennt viele Gründe

Schulen wir unsere Dankbarkeit in guten Zeiten, hilft uns die Sicht auf das Positive, und sei es auch noch so gering, über schwierige Phasen und durch eine Krise hindurch.

Also richten wir unsere Aufmerksamkeit doch jeden Tag ganz bewusst auf das Schöne, das Angenehme, jemanden, der unser Leben erhellt. Ob es der nette Nachbar ist, der auf uns wartet und uns die Tür aufhält, wenn wir beladen mit Einkäufen auf das Haus zugehen. Oder die Kollegin, die eine gemeinsame Aufgabe fertigstellt und uns damit überrascht. Plaudern mit dem Nachbarn, eine Einladung zum Kaffee, das Essen mit einer guten Freundin, die Mittagspause draußen in der Sonne, der Geruch der frisch gepflanzten Kräuter im Garten oder auch der von Regen, wenn er nach einem heißen Tag Abkühlung und Erfrischung bringt. Sie merken schon, viele kleine Dinge, die uns ein Lächeln ins Gesicht zaubern, haben die Kraft, uns langfristig als Mensch und damit auch unsere Persönlichkeit zu beeinflussen und zu verändern. Zum Positiven!

Dankbarkeit kann ein Leben verändern
(Illustration: Kerstin Diacont & Antje Heimsoeth)

Dankbarkeit lässt die Persönlichkeit wachsen

»Die dankbaren Menschen geben den anderen
Kraft zum Guten.«
(Albert Schweitzer)

Wer dankbar ist, stärkt seine Persönlichkeit, ist optimistischer, zufriedener und ausgeglichener. Dankbarkeit bringt Freude ins Herz. Mit dieser Lebensfreude kommen ein positives Lebensgefühl, ein höheres Selbstwertgefühl und Resilienz. Wann immer ich über Ereignisse im Leben frustriert war und bin, erinnere ich mich an all die Dinge, für die ich dankbar bin. Dankbarkeit hat eine gewaltige Veränderungsmacht und einen großen Einfluss – sowohl auf uns selbst als auch auf die Menschen um uns herum. Es gibt eine Menge Forschung, die eine positive Korrelation von Gedanken der Dankbarkeit und Glück beweist.

Die Wissenschaft zeigt, dass Dankbarkeit Ihr tägliches Leben verbessert.

- Dankbarkeit reduziert Stress und verbessert den Schlaf.
- Dankbarkeit reduziert körperliche Schmerzen.
- Dankbarkeit reduziert negative Emotionen (wie Neid).
- Dankbarkeit steigert Ihr Selbstvertrauen und Ihr Selbstwertgefühl. Dankbarkeit sorgt dafür, dass Sie sich besser fühlen.
- Dankbarkeit erweitert Ihren Freundkreis und Ihren professionellen Freundeskreis und stärkt Beziehungen.
- Dankbarkeit zu empfinden und es auszusprechen, fördert die Seelenruhe und die eigene Zufriedenheit.
- Dankbarkeit stärkt Ihre Resilienz.

Dankbarkeit (Illustration: Kerstin Diacont & Antje Heimsoeth)

Übung: Wofür bin ich dankbar?

Was haben Sie heute als Glücksmoment, als positives Erlebnis, als positive Begegnung empfunden? Vervollständigen Sie doch gleich jetzt die Satzanfänge:

Ich bin dankbar dafür, dass _____

Ich bin dankbar dafür, dass _____

Ich bin dankbar dafür, dass _____

Mein Tipp: Führen Sie ein Dankbarkeitstagebuch. Schreiben Sie jeden Abend auf, wofür Sie heute dankbar sind.

Pluspunkt Resilienz

Das Geheimnis einer starken Persönlichkeit ist ihre innere Stärke, die sogenannte Resilienz, eine psychische Widerstandskraft, die uns fähig macht, schwierige Lebenssituationen ohne anhaltende Beeinträchtigung zu überstehen.

> Dankbarkeit stärkt unsere Resilienz. Denn dankbare Menschen verfügen über ein reichhaltigeres Spektrum an positiven Möglichkeiten, Schwierigkeiten zu bewältigen.

Dankbare Menschen besitzen eine erhöhte Problemlösungskompetenz und können auch besser mit Veränderungen umgehen. Das rührt vermutlich daher, dass sie über mehr positive als negative Bewältigungsstrategien verfügen. Anstatt Probleme zu leugnen, zu ignorieren oder die Schuld bei anderen zu suchen, können dankbare Menschen Probleme eher erkennen, auch sich selbst als Ursache dafür sehen und sich entsprechende Hilfe holen.

Dankbare Menschen sind grundsätzlich weniger gehemmt, andere Menschen um Hilfe zu bitten oder sich auf sie einzulassen. Sie treten mit anderen häufiger und öfter in Interaktion. Sie haben einen größeren Freundeskreis und ernten mehr Sympathie von anderen. Denn über das eigene Verhalten und das, was dankbare Menschen ausstrahlen, verändern sie zugleich das Verhalten anderer – ihr positives Sozialverhalten verstärkt das positive Verhalten ihrer Mitmenschen.

Wie oft und bei welcher Gelegenheit haben Sie sich heute für etwas bedankt? Ein geäußertes »Dankeschön« gegenüber Ihren Mitmenschen ist die beste Investition in ein gedeihliches Miteinander. Ein Mitarbeiter, der unmittelbaren Dank, oft verbunden mit Anerkennung, für seine Arbeit erfährt, wird positiv in seinem Tun bestärkt. Kurzum: Durch Dank machen Sie andere zu Wiederholungstätern im Positiven.

Werte als Ausdruck der Persönlichkeit

> »Werte sind wie Fingerabdrücke. Keiner hat dieselben, aber du hinterlässt sie bei allem, was du tust.«
> *(Elvis Presley)*

Die Werte eines Menschen zählen zu den zentralsten Aspekten der eigenen Persönlichkeit. Sie sind ein wesentlicher Teil unserer Individualität. Ihr persönliches Wertesystem definiert Sie und stellt den Kern Ihres Charakters dar. Es ist also wichtig, die eigenen Werte möglichst gut zu kennen. Machen wir uns also auf die Suche und auf den Weg, indem wir uns erst einmal ein paar wichtige Fragen stellen:

- Was ist mir wichtig?
- Was würde ich wirklich vermissen, wenn ich es nicht mehr hätte? (Und welcher Wert steckt dahinter?)

- Wofür habe ich gekämpft oder wofür kämpfe ich? (Und welchen Wert habe ich dabei verteidigt?)
- Wofür brenne ich?
- Wovon braucht die Welt mehr?

> Die Antwort auf die große Frage nach dem WOFÜR hilft uns, unseren Weg zu finden und zu gehen und uns so auch als Persönlichkeit weiterzuentwickeln.

Die eigene Relevanz erkennen

Wir reifen als Mensch und Persönlichkeit, wenn wir herausfinden, was uns antreibt, wofür wir morgens aufstehen und wann wir abends zufrieden ins Bett fallen, wenn wir es denn geschafft haben. Allein die Suche und die Beschäftigung mit dieser Frage verleihen uns eine gewisse Relevanz. Und auch wenn diese Wichtigkeit und Bedeutsamkeit nur in einem bestimmten Zusammenhang gilt, so hebt sie doch unsere gefühlte Wertigkeit. In der Corona-Pandemie sind wir alle mehr als einmal mit dem Begriff »systemrelevant« konfrontiert worden. Beziehen wir diese Systemrelevanz doch auch auf uns selbst. Machen Sie sich bewusst, dass Sie – mit Ihrem Sinn, Ihren Werten und Ihren Zielen – für Ihr System und Umfeld als Mensch und als Persönlichkeit relevant sind.

»5 Dinge, die Sterbende am meisten bereuen«

Lesenswert ist in diesem Zusammenhang das Buch »5 Dinge, die Sterbende am meisten bereuen« von Bronnie Ware. Die australische Autorin hat über Jahre hinweg Sterbende begleitet. Sie erzählt von den fünf Versäumnissen, die am häufigsten bereut werden, und berichtet, wie sie selbst ihr Leben auf Basis dieser klaren Aussagen verändert hat. Im Untertitel des Buches verspricht sie auch dem Leser »Einsichten, die Ihr Leben verändern werden«. Aber entscheiden Sie selbst, ob einer oder mehrere Punkte auch auf Sie zutreffen, ob und wie Sie Ihr Leben von nun an orientiert an Ihren Werten entsprechend ändern wollen.

1. »Ich wünschte, ich hätte den Mut gehabt, mir selbst treu zu bleiben, statt so zu leben, wie andere es von mir erwarteten.«

> »Es gibt so viele Menschen, die durchs Leben gehen und die meiste Zeit Dinge tun, von denen sie glauben, dass andere sie von ihnen erwarten.«
> *(Bronnie Ware)*

Mit Erwartungen haben wir alle täglich zu tun. Egal wie alt wir sind, wir richten unser Leben oftmals nach den Erwartungen anderer aus. Wir gründen zum Beispiel eine Familie, weil wir glauben, das gehöre zum Leben dazu. Und über die Erwartungen anderer und die Rollen, die wir erfüllen wollen, vergessen wir, was wir selbst wollen. Wir verlieren unsere eigenen Wünsche aus den Augen und vergessen, was wir selbst wollen. Womöglich leben wir das Leben, das sich andere für uns vorstellen oder wünschen. Oder das Leben, das die Gesellschaft von uns erwartet.

Es erfordert Mut und Ehrlichkeit, sich den folgenden Fragen zu stellen, aber es ist sicher weniger schmerzlich, als irgendwann vor einem vertanen Leben zu stehen:

- Leben Sie das Leben Ihrer Träume?
- Gefällt Ihnen das Leben, das Sie leben bzw. das sich für Sie abzeichnet?
- Haben Sie noch einen Traum, den Sie noch nicht umgesetzt haben?
- Wie lange möchten Sie noch das Leben der anderen führen?
- Auf welches Leben möchten Sie am Ende zurückblicken?

Von den Erwartungen anderer können wir uns meist nicht vollkommen frei machen – und das sollen wir auch gar nicht. Es geht vielmehr darum, uns selbst nicht zu verlieren, uns immer wieder – und bei allen Verpflichtungen, die wir haben – zu fragen: Was möchte ich? Was ist für mich im Leben wichtig? Was will ich erreicht, getan, erlebt haben, damit ich am Ende sagen kann: Ja, das war MEIN Leben!

2. »Ich wünschte, ich hätte nicht so viel gearbeitet.«

Ware: »Das sagte jeder meiner männlichen Patienten. Durch ihre Arbeit hatten sie die Jugend ihrer Kinder verpasst und die Gesellschaft ihres Partners – und nun bereuten sie, der Tretmühle des Berufslebens so viel Lebenszeit gewidmet zu haben.«

Für mich sehr passend ist in diesem Zusammenhang der wunderschöne Spruch »Die Arbeit läuft dir nicht davon, wenn du deinem Kind einen Regenbogen zeigst. Aber der Regenbogen wartet nicht, bis du mit der Arbeit fertig bist.« Wir wissen alle, dass es ohne Arbeit im Leben nicht geht – außer natürlich Geld spielt tatsächlich keine Rolle für Sie. Aber das betrifft wohl eher den kleineren Teil von uns. Und Arbeit, ist sie denn sinnhaft für uns, kann unser Dasein erfüllen. Arbeit ist selbstwertstärkend, glücksspendend und glückserzeugend. Aber es gibt eben auch noch etwas anderes als Arbeit. Familie, Freunde, Hobbys, Urlaub – oder eben den Regenbogen, den wir ruhig auch einmal dem Kind in uns selbst zeigen sollten, bevor er, schneller als man sich versieht, wieder verschwunden ist.

3. »Ich wünschte, ich hätte den Mut gehabt, meinen Gefühlen Ausdruck zu verleihen.«

Wir leben in einer kopfgesteuerten Welt. Viele Menschen funktionieren mehr als dass sie leben. Manchmal trauern wir der nicht ausgesprochenen Liebeserklärung genauso nach wie der nicht angegangenen Versöhnung mit der zerstrittenen Familie. Manchmal tragen wir Trauer, Angst oder Wut in uns. Doch statt diese Gefühle auszudrücken, machen wir es lieber »mit uns selbst aus«, schreien in uns hinein oder weinen vielleicht noch hinter verschlossenen Türen. Gefühle suchen immer einen Weg nach außen. Macht man ihnen diesen Weg nicht frei, brechen sie irgendwann aus wie ein Vulkan und verletzen dabei andere. Oder sie schaffen sich andere Ventile, die sich eher nach Innen, gegen uns selbst richten in Form von Krankheiten oder Unfällen. Also lieber raus mit den Gefühlen, sich freier fühlen, die eigene Meinung auch einmal kundtun – und so Persönlichkeit beweisen und echte menschliche Nähe finden.

4. »Ich wünschte mir, ich hätte den Kontakt zu meinen Freunden gehalten.«

Ware: »Erst auf dem Sterbebett erinnerten sie sich an den Wert alter Freundschaften – und dann waren diese Freunde häufig nicht mehr zu erreichen. Viele waren so beschäftigt mit ihrem eigenen Leben, dass sie alte Freunde im Laufe der Jahre aus den Augen verloren hatten – und das tat ihnen jetzt unendlich leid. Wer im Sterben liegt, vermisst seine Freunde.«

Im Kindergarten unzertrennlich, in der Schule die engsten Leidensgenossen – immer wieder begegnen uns Menschen, die uns besonders wichtig sind und die uns begleiten. Manchmal ein ganzes Leben lang, manchmal auch nur eine gewisse Wegstrecke. Viele davon verlieren wir im Laufe der Zeit. Weil wir uns auseinanderentwickeln. Weil wir zu arbeiten anfangen, uns auf die Arbeit fokussieren oder den Arbeitgeber wechseln, einen neuen Freund, eine neue Freundin haben, heiraten, Kinder bekommen und dadurch einen anderen Bekanntenkreis haben, umziehen oder den Verein wechseln. Freunde und gemeinsame Erlebnisse bleiben dabei »auf der Strecke«. Manchmal ist das richtig so, aber manchmal fragt man sich doch, was aus diesem oder jener wohl geworden ist.

Wann immer Sie im Leben diesen Gedanken haben, lohnt es sich, nicht zu zögern und sich sofort auf die Suche zu machen. Heute ist es dank Internet einfacher denn je, alte Freunde wiederzufinden.

Freunde sind unglaublich wichtig, das zeigt auch die Forschung immer wieder. Freundschaften und Beziehungen gehören zu den größten Glücksfaktoren in unserem Leben. Sie sind entscheidend für unser Leben. Freundschaften sind nicht selbstverständlich. Sie wollen gepflegt und gehegt werden.

5. »Ich wünschte, ich hätte mir erlaubt glücklicher zu sein.«
Erlauben Sie sich, glücklich zu sein. Glück fällt uns nicht zu. Entscheiden Sie sich bewusst dafür und handeln Sie danach. Machen Sie das Beste aus diesem Leben, damit Sie einmal voller Freude und Zufriedenheit darauf zurückblicken können. Kümmern Sie sich um Ihr Leben, halten Sie inne und überlegen Sie, was Sie aus Ihrem Leben machen wollen. Sie haben nur dieses eine Leben.

Wert-volles Miteinander

Die in Bronnie Wares Buch genannten Versäumnisse haben es deutlich gemacht: Wir sollten der Frage nach dem Sinn, unserer Bestimmung und unseren ganz persönlichen Werten nicht ausweichen. All das gehört zusammen, beeinflusst sich gegenseitig. Es ist die Basis, die uns als Menschen ausmacht. Ich weiß nicht mehr genau, wo ich es gelesen habe – Jürgen Klopp hat einmal gesagt: »Zurückblicken auf das Leben und nicht verhindern können, dass die Mundwinkel nach oben gehen.« Welch ein tolles Lebensmotto!

Unsere Werte stellen einen der zentralsten Aspekte unserer Persönlichkeit dar. Sie sind ein wesentlicher Teil des Kerns unseres individuellen Seins.

Auf das Thema Persönlichkeit und Führung gehen wir im Kapitel »Die starke Führungspersönlichkeit« noch näher ein, aber ein Aspekt sei hier schon vorweggenommen: Führung ohne Werte ist »wertlos«. Das gilt auch für unsere Gesellschaft, in der gerade eine Art Umorientierung zu beobachten ist. Statt eines »Immer mehr, immer besser, immer schneller« geht der Trend wieder stärker in Richtung Nachhaltigkeit und eines bewussteren Umgangs mit Ressourcen. Statt der persönlichen Gier nach Produkten und nach Aufmerksamkeit ohne Rücksicht auf Verluste wollen immer mehr Menschen zurück zu einem wert-vollen Miteinander. Wir Menschen sind soziale Wesen, und wenn wir uns in diesem TaschenGuide so intensiv mit der Persönlichkeit des Einzelnen auseinandersetzen, dann tun wir das immer mit Blick auf ein besseres Mit- und Füreinander.

Starke Persönlichkeiten haben klar definierte Ziele

Wer keine Ziele hat, kann nirgendwo ankommen und seltener Erfolge verbuchen, was sich auf das Selbstvertrauen und die Persönlichkeit auswirkt. Dabei ist es egal, ob es darum geht, im Homeoffice fokussiert zu arbeiten, konsequent einen Trainingsplan im Sport zu verfolgen oder entschlossen an einem Projekt zu arbeiten.

> Der Glaube an uns selbst und unsere Fähigkeiten hilft nicht nur, unsere Persönlichkeit zu stärken, sondern auch, uns anspruchsvolle Ziele zu setzen und diese zu erreichen.

Bei der Frage nach dem nächsten Ziel antworten viele mit einem Land, in dem sie bald Urlaub machen möchten. Fragt man einen Sportler, bekommt man eine auf die Sekunde genaue Zeit oder die Höhe oder Weite, die er beim nächsten Wettkampf erreichen möchte. Bei Führungskräften in Unternehmen ist es nach Meinung vieler Mitarbeiter eher selten, dass sie klare Ziele nennen können.

Jim Clifton und Jim Harter, CEO und Chefwissenschaftler beim Meinungsforschungsinstitut Gallup, entschlüsseln, basierend auf der berühmten Gallup-Studie, in ihrem Buch »Auf die Führungskraft kommt es an!« die Erfolgsgeheimnisse zur Zukunft der Arbeit. Seit 2001 gibt diese Studie jährlich Auskunft darüber, wie hoch der Grad der emotionalen Bindung von Mitarbeitern und damit das Engagement und die Motivation bei der Arbeit sind.

Clifton und Harter schreiben: »Manager auf allen Ebenen – seien sie nun Teamleiter, Manager anderer Manager oder Vorstände – benötigen eine klar definierte und klar artikulierte Zielsetzung und eine Sinngebung, die jeder Mitarbeiter mühelos auf seine tägliche Arbeit beziehen kann – auf ihren persönlichen Beitrag.« Doch laut der Gallup-Studie seien »(...) nur 22 Prozent der Beschäftigten der Meinung, die Führung ihres Unternehmens habe ein klares Ziel vor Augen.«

Fragen Sie sich als Führungskraft an dieser Stelle doch einmal ganz konkret:

- Was sind Ihre nächsten Ziele?
- Was brauchen Sie an inneren und äußeren Ressourcen, um Ihre Ziele zu erreichen?

Ihre Ziele müssen Sie motivieren!

Spüren Sie ein Kribbeln, wenn Sie sich vorstellen, am Ziel zu sein? Ihr Glaube, das Ziel erreichen zu können, muss unerschütterlich sein. Eine zeitliche Fixierung, so zum Beispiel »innerhalb der nächsten drei Wochen« oder »in sechs Monaten«, hilft, den Eigenantrieb zu erhöhen. Für (fast) alles gibt es Termine – so auch für Ihr Ziel. Zwei Tipps möchte ich Ihnen noch mit auf den Weg geben. Erstens: Ihre Ziele müssen positiv, realistisch, attraktiv, klar und konkret formuliert sein. Und zweitens: Denken Sie groß! Das ist kein Widerspruch, denn Sie wollen doch kein Mittelmaß, oder?

Ziel (Illustration: Kerstin Diacont & Antje Heimsoeth)

Untersuchungen zeigen, dass Menschen mit Zielen im Allgemeinen erfolgreicher werden bzw. sind als diejenigen, die sich keine Ziele setzen. Wenn Sie Ihre Ziele geklärt haben, machen Sie einen Plan, wie Sie sie erreichen wollen und werden. Scheuen Sie sich dabei auch nicht, für die Zielerreichung ungewöhnliche und neue Wege zu beschreiten.

Unterteilen Sie Ihren Plan in kleinere Schritte und machen Sie sich an die Arbeit.

> Wichtig ist es, Ziele, Visionen und Wünsche immer aufzuschreiben. Das Zu-Papier-bringen unterstützt den Umsetzungsprozess. Hilfreich bei der Realisierung ist außerdem die Zielvisualisierung.

Stellen Sie sich vor, wie es ist, das Ziel erreicht zu haben. Ziehen Sie dazu so viele Einzelheiten und Details wie möglich heran. Nutzen Sie alle Sinne (sehen, hören, fühlen, riechen, schmecken). Das Erstellen von mentalen Zielbildern ist aus folgenden Gründen effektiver als das Ausformulieren Ihrer Ziele in Worten und Schrift. Unabhängig davon, ob es sich um ein langfristiges oder kurzfristiges Ziel handelt, bildet sich so eine positive Assoziation mit diesem Ziel in Ihrem Unterbewusstsein. In schwierigen Situationen werden Sie sich sicherer, ressourcenvoller und besser vorbereitet fühlen. Wenn Sie sich das Ergebnis vorstellen, auf das Sie hinarbeiten, können Sie zudem besser überprüfen, ob Sie sich noch auf dem Weg zum Ziel befinden. Ziele werden nur mit (Selbst-)Motivation erreicht, und diese wird ohne klaren Zweck und Sinn fehlen.

Was macht eine authentische und charismatische Persönlichkeit aus?

»Unter den Menschen gibt es viel mehr Kopien als Originale.«
(Pablo Picasso)

Über Charisma habe ich im vorhergehenden Kapitel bereits viel geschrieben, an dieser Stelle möchte ich zu diesem Aspekt der Persönlichkeit noch einen weiteren Faktor dazunehmen: die Authentizität. In Kombination multipliziert sie die Wirkung als Persönlichkeit, deshalb lassen Sie uns einmal gemeinsam schauen, was Authentizität bedeutet: ehrlich sein, sich nicht verstellen, ganz man selbst sein. Sind Menschen authentisch, stehen sie zu sich selbst und zu den eigenen Stärken und Schwächen. Ihre Begeisterung ist spürbar. Sie füllen ihre Rollen voll und ganz aus, sei es als Motivator oder als Tröster, je nachdem, was die Situation erfordert. Kompromisslosigkeit ist Teil ihrer Persönlichkeit und sie wissen: Ich kann bei anderen Menschen nur dann Begeisterung für ein Thema oder eine Tätigkeit erzeugen, wenn ich selbst diese Begeisterung vorlebe.

BEISPIEL: JÜRGEN KLOPP

Wer Jürgen Klopp erlebt, spürt seine unverstellte Art genauso wie seine pure Leidenschaft für den Fußball. Das war schon immer so und hat sich auch über die Jahre hinweg nicht verändert. Auf ihn trifft zu, was man authentischen Persönlichkeiten nachsagt: Er ist ein Mensch mit Ecken und Kanten.

Ein Mensch, der Präsenz hat, ohne dass er sie aktiv zeigen muss: »Ich bin da!« Ein Mensch, der gar nichts sagen muss. Seine Ausstrahlung wirkt auch so, oftmals sogar eine besondere Aura. Alleine der Auftritt, die Stimme, eine persönliche Reife und Würde sowie die Integrität – das alles führt zu einer unverwechselbaren Identität mit hohem Wiedererkennungswert.

Sie merken schon an der Erklärung: die Grenze zwischen Charisma und Authentizität ist fließend, beides ist nicht dasselbe, die Auswirkungen sind jedoch sehr ähnlich. Mit einigen Aussagen meiner Interviewpartnerinnen auf die Frage »Was macht eine authentische und charismatische Persönlichkeit aus?« kommen wir der Sache sicher etwas näher.

Eine Frage des Umfelds?

Aus Sarah Finks Sicht »ist dies eine Frage des Umfelds und des inneren Antriebs. Wachsen Kinder in einem offenen, wohlwollenden Umfeld auf, in dem sie geliebt und anerkannt werden, wie sie sind, trägt das mit Sicherheit dazu bei, dass sie ihre Authentizität auch in späteren Jahren leben. Dazu kommen die Erfahrungen (positive wie negative), die einen Menschen schleifen und ihm besagte Ecken und Kanten verleihen. Wenn Kinder dann Menschen um sich haben, die ihnen vorleben, dass es auch nach Niederlagen immer weitergeht, so werden aus diesen Kindern mit großer Wahrscheinlichkeit resiliente und starke Persönlichkeiten. Nun gibt es aber auch diese Menschen, die als Kinder alles andere ein wohlwollendes Umfeld um sich hatten und trotzdem zu starken Persönlichkeiten heranreifen. Wahrscheinlich treffen diese Menschen im Laufe ihres Lebens auf Vorbilder, denen sie nacheifern. Sie versuchen, ebenso stark zu werden wie diese.«

Auch Claudia Kimich geht auf die Bedeutung der frühen Jahre ein: »Genügend Urvertrauen zu Anfang des Lebens mit zu bekommen, ist enorm hilfreich, und es ist sehr schwierig und mühsam es aufzubauen, wenn es fehlt. Charisma zu lernen, empfinde ich als schwierig. In den meisten Fällen ist das ein klarer Fall von: hat man oder hat man nicht. Ansonsten ist es wie so oft: 30 % Inspiration und Talent und 70 % Transpiration – Wissen sammeln, das Wissen umsetzen, forschen, weiterentwickeln und viel Übung, in dem, was man tut. Wenn ich sicher bin in dem, was ich tue, ist es leichter echt zu sein und Spaß entwickeln und damit möglicherweise charismatisch zu erscheinen.«

Andere in Konflikten leben lassen

Unstimmigkeiten gehören zum Leben dazu, ebenso wie Konflikte im Alltag. Den anderen auf die Anklagebank zu setzen – und sei es auch nur bildlich gesprochen – ist kein Mittel der Wahl für starke Persönlichkeiten. Alleine ihre nonverbale Kommunikation hilft oft schon dabei, eine kritische Lage zu entschärfen. Sie schaffen es, sich selbst zurückzunehmen, können im Gespräch trotzdem Nähe zulassen und senden Ich- statt Du-Botschaften. Mit der Grundeinstellung »Ich sehe dich« lassen sie andere in Konflikten leben und sind so ein Vorbild.

Aktives Zuhören

Aktives Zuhören ist eine wichtige Grundkompetenz der Gesprächsführung. Vor allem auch in Konfliktsituationen kommt dem Zuhören eine besondere Bedeutung zu. Aktives Zuhören ist nur in einem Zustand der Aufmerksamkeit, im Präsent-Sein in der Gegenwart, möglich. Und es gelingt nur jenseits von Bagatellisierungen, Vorurteilen, von Bewertungen und Abqualifizierungen. Wenn Sie sich fragen, woran man gute Zuhörer erkennt, dann beobachten Sie sich doch einfach einmal selbst, wenn Sie mit jemandem sprechen.

- Wie würden Sie sich als Zuhörer am besten beschreiben? Hervorragend, sehr gut, überdurchschnittlich, durchschnittlich, unterdurchschnittlich, schlecht, miserabel?
- Was meinen Sie, wie würden Sie von anderen Personen (Lebenspartner, Chef, Freundin, Mitarbeiter/Kollegin, Kundinnen/Geschäftspartnern) eingeschätzt werden?
- Erzählen Sie schnell von sich? Geben Sie rasch Tipps? Gehen Sie gedanklich spazieren? Sprechen Sie dazwischen?

Ein guter Zuhörer sein zu wollen, ist eine bewusste Entscheidung für den anderen. Sie sollten mit dem Herzen dabei sein und nicht ungeduldig darauf warten, endlich selbst zu Wort zu kommen. Verzichten Sie auf Sachfragen, Verallgemeinerungen und Belehrungen. Durch aktives Zuhören vermeiden Sie Missverständnisse.

So funktioniert aktives Zuhören

Beobachten
- Blickkontakt halten
- Nicken
- Pausen zulassen
- Keine Ablenkungen
- Aussprechen lassen

Verstehen
- Nachfragen
- Zusammenfassen
- Wünsche heraushören
- Paraphrasieren

Antworten
- Verständnis überprüfen
- Spiegeln
- Nicht belehren
- Rechtfertigung vermeiden

Aktives Zuhören

> Zuhören bedeutet, in die Welt des anderen einzutreten – eigene Werte, Vorstellungen, Ziele, Prinzipien bleiben vollständig außen vor.

Wie dieser Perspektivenwechsel gelingt, erfahren Sie gleich im Anschluss.

Perspektivenwechsel

Kennen Sie einen der größten Irrtümer im Leben vieler Menschen? Und da schließe ich große Persönlichkeiten keinesfalls aus. Es ist der Trugschluss: Harte Arbeit garantiert Erfolg. Dass dieses »harte Arbeiten« nicht immer reicht, hat uns die Corona-Pandemie bewiesen, die genau in den Wochen ihren Höhepunkt fand, in denen dieses Buch entstanden ist. Auch mich traf es hart. Als Vortragsrednerin, Mental Coach und Erfolgstrainerin arbeite ich mit Menschen. Bei Kontaktbeschränkungen ist das eher schwierig. Natürlich habe ich mich relativ schnell umgestellt auf virtuelle Angebote, aber das gleiche ist es nicht, weder für meine Kunden noch für mich. Die Nähe fehlt – in jeder Beziehung. Und was mir auch gefehlt hat, war, dass viele vergessen hatten, dass ich – auch als Mental Coach, der in der Lage ist, anderen zu helfen – selbst ein Mensch bin, der manchmal nicht weiter weiß. Vor allem, wenn bei anderen alles im Lot zu sein scheint und Kollegen erzählen, dass alles bestens ist. Aber was macht das mit mir? Hier gibt es mehrere Möglichkeiten:

- Ich werte mich selbst ab: Bist du vielleicht einfach nur zu blöd, um auch als Gewinner aus der Krise rauszugehen?
- Ich bitte den Kollegen, mir zu verraten, was sein Erfolgsrezept ist.
- Ich schalte auf Durchzug, schüttle mich und gehe weiter meinen eigenen Weg.
- Oder vielleicht sogar eine Mischung aus allem?

Unerwartete Anerkennung

Für mich ist es einfach wichtig, ehrlich und authentisch zu bleiben, auch wenn das nicht immer allen gefällt. Auch das macht eine starke Persönlichkeit aus, wie wir bereits in den Kapiteln zuvor festgestellt haben. Perspektivenwechsel sind immer sinnvoll. Und ich bin der festen Überzeugung, dass man Menschen Mut machen kann, indem man sich – bei aller Stärke und Persönlichkeit – auch einmal verletzlich und verwundbar zeigt.

Und wenn ich wieder einmal die nackte Klarheit formuliere und in öffentlichen Posts zeige, dass ich zu meinen Ängsten stehe und wie jeder andere Mensch auch Ups und Downs habe, freut es mich umso mehr, wenn Follower dies beispielsweise mit einem solchen Post anerkennen: »Ich liebe deinen Mut und deine Nicht-Angst, uns mit unseren sozialkorrekten blinden Flecken zu konfrontieren. Besonders mit deiner sehr unbeugsamen Art. Meine Anerkennung.«

Harte Arbeit ist keine Garantie für Erfolg

Kommen wir noch einmal zurück zum Thema »Harte Arbeit und Erfolg«. Ja, wer wirklich erfolgreich sein möchte, ob im Sport oder im Beruf, der wird hart arbeiten müssen. Aber es gibt keine Garantie dafür, dass sich harte Arbeit immer auszahlt. Wenn ich falsche Entscheidungen treffe oder der Zukunft (noch) zu weit voraus bin, wenn ich schlecht im Verkaufen und Verhandeln bin, wenn ich auf Marketing, Akquise und Netzwerken verzichte, dann hilft das harte Arbeiten allein nicht, um Erfolge einzufahren.

Erfolg braucht Ziele und Strategien, mentale und emotionale Stärke, Persönlichkeit – und da sind wir wieder beim Thema des Buches –, Kontakte, eine gute Ausbildung und vieles mehr. Manchmal hilft ein Perspektivenwechsel auch, um das eigene Handeln zu reflektieren und zu prüfen, ob das, was ich momentan mache, sinnvoll und zielführend ist – oder ob Veränderungen nötig sind.

Es gibt immer mehrere Wahrheiten. Sprechen zwei Menschen miteinander, sind mindestens zwei verschiedene Wahrheiten im Raum. Ohne einen Perspektivenwechsel ist es oft nicht möglich, den anderen zu verstehen. Persönlichkeiten sind Menschen, die diesen Wechsel schaffen, die die Vorstellungskraft besitzen, den Blickwinkel zu ändern, andere Gesichtspunkte heranzuziehen und so völlig neue Horizonte erreichen zu können. Starken Persönlichkeiten kommt es nicht darauf an, recht zu haben oder zu bekommen. Weil sie in der Lage sind, die Welt auch aus den Augen anderer zu sehen, überwinden sie Kleinigkeiten und tun so im Kleinen viel Gutes.

Auf einen Blick: Die innere Einstellung

- Unsere Einstellung verändert unsere Handlungen und diese das Ergebnis. Je optimistischer wir das Leben also angehen – ob im Privaten oder Beruf –, umso besser kommen wir durch die Höhen und Tiefen des Lebens.
- Dankbarkeit ist ein wichtiger Faktor, der großen Einfluss auf unsere Persönlichkeit hat. In guten Zeiten lässt sie uns wachsen, in schlechten Zeiten sorgt sie für mehr Gelassenheit und Resilienz.
- Kennen wir den Sinn unseres Tuns, sind wir als Persönlichkeit ausgeglichener, Stress kann uns weniger anhaben, wir leben unsere Werte und erreichen unsere Ziele.
- Am Ende unseres Lebens sollten wir nicht auf Versäumnisse zurückblicken müssen, sondern dankbar sein für das Erreichte. Haben Sie den Mut, lang gehegte Wünsche endlich anzugehen, Ihre Träume zu erfüllen, vor allem aber zu fühlen, zu lachen, zu genießen und auch mal Fünfe grade sein zu lassen.
- Es gibt immer mehrere Wahrheiten – lassen wir Perspektivenwechsel zu. Andere Sichtweisen eröffnen uns neue Horizonte!
- Wer seine Mitmenschen wertschätzt, hört besser zu, kommuniziert erfolgreicher und kann Konflikte souverän lösen.

Die starke Führungspersönlichkeit

Starken, selbstreflektierten Führungspersönlichkeiten folgen andere Menschen gerne. Doch wie entwickelt man sich zu einem solchen Leader?

In diesem Kapitel lesen Sie,

- warum Selbstwahrnehmung und Selbstkontrolle das Fundament einer guten Führung sind,
- wie sich negative Gefühle kontrollieren und abbauen lassen,
- wie Sie sich selbst motivieren,
- wie Sie aus Niederlagen lernen.

Führung braucht Persönlichkeit

> »Ein Merkmal großer Menschen ist, dass sie an andere weit geringere Anforderungen stellen als an sich selbst.«
> *(Marie von Ebner-Eschenbach)*

Führung braucht Persönlichkeit. Nur so können Führungskräfte das tun, was sie sollen: Menschen inspirieren. Doch wie oft wird in den Unternehmen, vor allem, wenn die Zeiten stürmisch werden, eher über Macht und Autorität geführt als mit echten Führungsqualitäten?

In seinem Artikel »4 Lehren aus 4 Manager-Jahrzehnten«, erschienen auf capital.de, schreibt Thomas Sattelberger, der für vier DAX-Konzerne, Daimler, Lufthansa, Continental und Deutsche Telekom, gearbeitet hat: »Führung zeigt man nicht als Schönwetterkapitän, sondern im Wildwasser-Strudel. Das strategische Vakuum einer dramatischen Krise, wie wir sie beispielsweise bei der Lufthansa mit dem Markteinbruch von 30 Prozent nach dem 11. September 2001 erlebt hatten, kann für Mitarbeiter nur seelisch und emotional gefüllt werden durch die eigene Person in der Arena, durch Persönlichkeit und die eigene Echtheit. In der Krise nehmen Menschen jeden Blick, jeden Ton, jeden Ausdruck und jede Regung wahr.«

Aber was macht denn nun eine starke Führungspersönlichkeit aus? Ist es das Charisma eines Barack Obama, dem alle an den Lippen hängen, wenn er lächelnd einen Saal betritt? Oder ist es der machtvolle Manager, der die Eigendarstellung genauso gekonnt beherrscht wie das Schönreden von Entscheidungen, die »wichtigen« Zielen und dem Wohle aller dienen sollen, letztendlich aber nur ihm selber nutzen? Wohl kaum.

Bei seinem umjubelten Besuch im Frühjahr 2019 in Köln sagte Barack Obama: »Eine gute Führungsperson ist jemand, der zuhört und fühlt, was die Menschen fühlen. Was dich vorantreibt als Leader, ist die Arbeit, nicht der Applaus, also konzentriere dich auf das, was du tun willst, und nicht, was du sein willst.«

Ja, Führungspersönlichkeiten

- müssen mit jeder Faser ihres Seins an die eigenen Ideen und sich selbst glauben und die Mitarbeiter davon überzeugen, dass ihre Visionen maßgeschneidert zum Unternehmen passen;
- durchbrechen oft die Routine. Sie sind auf der Suche nach den besten Mitarbeitern und bauen um sie herum das System auf;
- haben Ideen, setzen Impulse für Veränderungen und erwarten Exzellenz von ihren Managern.

Kapitän oder Gärtner?

Auf die Frage »Was macht eine Führungspersönlichkeit aus?« antwortet der Psychologe und Coach Axel Esser: »Das hängt von dem Bild ab, das man von der Person des Führenden hat.« Hier sollen zugespitzt zwei Bilder bemüht werden:

- Zum einen das des Kapitäns, der alles entscheidet und auf dem Schiff früher auch als »Master next God« bezeichnet wurde.

- Zum anderen das des Gärtners, der dafür sorgt, dass alle Rahmenbedingungen für das Wachsen des Grases gegeben sind, wohlwissend, dass kein Grashalm schneller wächst, wenn er ihn anschreit oder dran zieht.

Für mich ist der Charismatiker in diesem Bild eher nicht der Kapitän, der alles entscheidet – ganz im Gegenteil! Vielmehr ist es der Gärtner-Typus, der als Unternehmensführer mit dem durch und durch charismatischen Unternehmer Steve Jobs sagen kann: »It doesn't make sense to hire smart people and then tell them what to do, we hire smart people so they can tell us what to do.« (Es macht keinen Sinn, kluge Leute einzustellen, um ihnen dann zu sagen, was sie tun sollen; wir stellen kluge Leute ein, damit sie sagen, was zu tun ist.«)

Charismatische Persönlichkeiten wenden sich Menschen voll und ganz zu. Im persönlichen Gespräch fühlen sich diese dadurch angenommen und oft auch besonders gut verstanden. Führungskräfte lösen damit noch lange nicht jedes Problem für den Mitarbeiter, aber sie helfen, dass dieser sich nicht allein fühlt.

An sich selbst zu arbeiten und ständig bereit sein zu lernen, ist ein zentraler Faktor einer starken Führungspersönlichkeit. Wir haben als Führungskraft kein Recht, die Persönlichkeit eines Mitarbeiters zu ändern – auch wenn in einigen Trainings dazu angeleitet wird, genau dies zu tun und Führungskräfte zu »Helden« zu machen. Das geht nicht! Was allerdings geht und durchaus sinnvoll ist, dass Führungskräfte Feedback zur Einstellung und zum Verhalten des Mitarbeiters geben.

Axel Esser warnt freilich auch vor Gefahren, wenn eine charismatische Führungskraft mit falschen Erwartungen konfrontiert ist: »Ansprüche an den Charismatiker münden darin, dass er Last und Verantwortung von den Mitarbeitern nimmt und Konformität erzeugt, die zu einem in sich abgeschlossenen System führt, welches nicht mehr durchlässig für Informationen und Stimuli von außen ist und damit Veränderungsnotwendigkeiten ignoriert.« Der wahre Held in diesem Metier ist der Gärtner, nicht der Kapitän.

Selbstwahrnehmung und Selbsterkenntnis

Unsere Selbstwahrnehmung ist, auch wenn wir möglichst viele Sinne heranziehen, immer nur ein Abbild der vermeintlichen Wirklichkeit. Es ist unser Selbstbild, das wir über Jahrzehnte hinweg erschaffen haben. Manchmal durch andere bestätigt und manchmal auch gegen die Meinung anderer verteidigt. Überlegen Sie doch gleich jetzt einmal:

- Wer bin ich? Wo will ich hin? Warum bin ich hier?
- Wie erleben Sie Ihre eigene Identität, Ihre Werte und Ihre Ziele?
- Wissen Sie, wohin Ihre Reise geht und warum?

Fest steht: Für Führungskräfte ist eine gute, realistische Selbstwahrnehmung und -einschätzung unabdingbar. Wer sich selbst gut kennt, weiß um seine eigenen Stärken, Fähigkeiten und Talente. Als starke Führungskraft müssen Sie darüber hinaus auch Ihre Grenzen kennen. Denn nur dann sind Sie dankbar und offen für konstruktive Kritik. Sie laufen seltener Gefahr, sich selbst zu überfordern und zu scheitern, weil Sie um Hilfe bitten können.

> Die Basis für eine starke Führungspersönlichkeit bilden eine realistische Selbsteinschätzung und die Aufrichtigkeit, offen damit umzugehen.

Stellen Sie als Führungskraft nicht immer nur anderen Fragen, sondern vor allem auch sich selbst: Was könnte ich als Führungskraft und als Mensch besser machen?

Sich menschlich zeigen

Menschen mit einem hohen Grad an Eigenwahrnehmung können über ihre Gefühle und deren Einfluss auf ihre Arbeit sprechen. Sie zeigen sich durchaus auch verletzlich und verwundbar. Das macht Führungskräfte menschlich und zugleich stark. Für Redner wie mich ist dies ebenfalls sehr wichtig, für einen Politiker vielleicht eher »tödlich«.

Es kommt also immer darauf an, in welchem Umfeld man als Führender wirkt. Gefühle zu zeigen, heißt übrigens nicht, die Kontrolle zu verlieren. Zeter und Mordio helfen weder der Führungskraft noch den Mitarbeitern. Diese beobachten sehr genau das Verhalten und müssen sich darauf verlassen können, dass, wenn es darauf ankommt, Verlass auf die Entscheidungsfähigkeit der Führung ist.

> Es gilt: Emotionen sind erwünscht, aber nur wer seine Gefühle unter Kontrolle hat, kann mit Veränderungen gut umgehen.

Vielleicht kommt Ihnen die folgende Übung etwas heftig vor, aber ich kann Ihnen versprechen, sie bewirkt sehr viel. Menschen, die meditieren, praktizieren dies in einem Retreat oft über Stunden oder gar Tag hinweg. Ohne zu sprechen, mit minimaler Nahrungsaufnahme wird man ganz auf sich selbst zurückgeworfen. Eine andere Möglichkeit ist, einen Tag in der Dunkelheit zu sitzen und sich selbst auszuhalten. Ist bestimmt nicht jedermanns Sache, aber vielleicht starten Sie einfach mal mit einer Stunde. Schon diese Auszeit – oder besser: Ganz-bei-mir-Zeit – kann sehr viel bewirken.

Im Strudel der Gefühle

Wir können nicht anders: Gedanken und Gefühle kommen und gehen – immer. Ob wir sie wahrnehmen, uns und unseren Körper spüren, steht auf einem anderen Blatt. Ein hohes Selbstvertrauen geht nicht automatisch einher mit einer guten Selbstwahrnehmung. Aber auch wenn unser Selbstvertrauen gut ausgebildet und auf einem hohen Level ist, bleibt es nicht aus, dass wir manchmal in einen Strudel der Gefühle hineingezogen werden.

BEISPIEL: DIE CORONA-PANDEMIE

Für uns alle ist diese Pandemie eine neue Erfahrung, es gibt keine Blaupause dafür. Und Führungskräfte sind auch nur Menschen mit Angst um Angehörige, Angst vor Ansteckung, Angst vor den persönlichen und wirtschaftlichen Folgen. Eine gute Führung setzt eine gute Selbstführung voraus. Und das bedeutet auch, sich eigener Unsicherheit bewusst zu werden und Strategien für den Umgang damit zu kennen. Es geht nicht darum, als Chef immer der Held zu sein. Nach dieser Rolle sollte eine Führungskraft nicht streben. Denn dann ordnet sie alles andere dem eigenen Glanz unter und agiert nicht mehr zum Wohl aller. Vertrauen gewinnt man eher, wenn man eigene Unsicherheiten nicht hinter Arroganz versteckt, sondern sie einräumt. Sich selbst gegenüber und gelegentlich auch Mitarbeitern gegenüber.

Jeder von uns hat so etwas ähnliches sicher schon einmal erlebt. Sie sind wütend, enttäuscht, voller Sorge oder gar Angst? Dann gibt es verschiedene Wege, diese negativen Gefühle zu kontrollieren und abzubauen. Richten Sie Ihre Aufmerksamkeit nach innen:

- Wie reagiere ich?
- Wie ist meine Körperspannung?
- Wie atme ich?

Je besser Sie darüber Bescheid wissen, in welchem Stresslevel Sie sich befinden, umso gezielter und tiefer können Sie mit ganz speziellen Übungen an der Stressreduktion arbeiten. Ein paar dieser Möglichkeiten habe ich hier für Sie zusammengefasst:

Tipps für den Umgang mit Ihren Gefühlen

- **Richtig atmen – tief durchatmen**
  Wir atmen ununterbrochen, ein Leben lang – und oft falsch. Dabei kann man richtiges Atmen einfach lernen.

Jede Emotion hat ihr eigenes Atemmuster. Angst zum Beispiel beschleunigt die Atmung, macht sie ungleichmäßig. In einer Stresssituation atmen Menschen etwa 12 bis 20 Mal pro Minute ein und aus. Bei den meisten Menschen bewegt sich der Bauch während des Atmens nicht – sollte er aber, und zwar in die richtige Richtung: beim Einatmen nach außen, beim Ausatmen nach innen. Beim Entspannungsatmen atmen wir vier bis sechs Mal pro Minute ein und aus – vier Sekunden ein, acht Sekunden aus. Durch gleichmäßiges, langsames und ruhiges Atmen bis in den Bauch hinein, mit einer verlängerten Ausatmung, versetzen wir uns in kurzer Zeit in einen Zustand der Gelassenheit und Ruhe.

- **Innere Distanz schaffen**

Wenn Sie mit unangenehmen Situationen konfrontiert sind, sollten Sie möglichst rasch Abstand und Distanz gewinnen. Machen Sie sich zum Zuschauer, der die Situation fernab von Emotionen beobachtet und analysiert. Atmen Sie dabei langsam und tief bis in den Bauch, und tun Sie so, als ob Sie einen Film im Fernsehen anschauen würden.

> Es fällt oft leichter, Distanz zu schaffen, wenn man das Problem schriftlich festhält, mögliche Lösungen sowie die dazu benötigten Mittel und die erforderliche Zeit erarbeitet. Die schriftliche Aufarbeitung eines Problems bringt Sie auf eine sachliche Ebene, von der aus es einfacher ist, einer Lösung näherzukommen, als wenn Ihr Gedankenfluss ständig von Ängsten, Ärger, Unsicherheit und anderen negativen Gefühlen blockiert wird.

Stellen Sie sich die folgenden Fragen, um Distanz zu gewinnen:
- Was würde ein guter Freund zu Ihrer Situation sagen?
- Wie würde ein weiser Zeitgenosse das Geschehen kommentieren?
- Wie betrachten Sie die Situation, wenn Sie in fünf Jahren auf sie zurückblicken?

Anhand dieser Reflexion fällt uns eine Neubewertung der Situation leichter – und das ist häufig der Weg aus dem Tal negativer Emotionen.

- **Raus in die Natur**
  Zeit in der Natur zu verbringen, tut gut. Spazierengehen kann Sorgen, Angst und Einsamkeit lindern. Erst recht, wenn man nach Momenten sucht, die Ehrfurcht erzeugen, wie eine aktuelle Studie zeigt. Spaziergänge können eine einfache Methode sein, um das Wohlbefinden zu steigern – und auf diesem Weg zugleich den kognitiven Abbau etwas zu verlangsamen. Wer in die Landschaft schaut, sorgt für langsamere Hirnstromschwingungen, stattdessen steigen die Stimmungshormone.

- **An den inneren Verhandlungstisch**
  Halten Sie eine innere Konferenz mit allen vorhandenen Gefühlen. Jedes Gefühl hat eine Stimme und eine Botschaft für Sie. Würgen Sie diese Stimmen nicht einfach ab, sondern schenken Sie ihnen Redezeit. Ziel der Verhandlung am inneren Konferenztisch ist eine Entscheidung. Wie im echten Leben sollte auch gegenüber Ihrem inneren Team keine Diktatur herrschen.

Gekonnt mit Sorgen und Ängsten umgehen

Nicht nur Gefühle kommen Führungskräften manchmal in die Quere. Sorgen und Ängste können uns ebenso einschränken. Eine bewährte Methode, sie zu bewältigen, ist die Gedankenreise. Auch erfolgreiche Top-Sportler kennen sie. Der Kunstturner Fabian Hambüchen etwa hat eine, wie ich finde, ganz wunderbare Strategie entwickelt, mit seinen Sorgen umzugehen. Lesen Sie selbst.

BEISPIEL: FABIAN HAMBÜCHEN

»Vor meinem geistigen Auge lasse ich das Bild eines Bürogebäudes entstehen. (...) Ein Wolkenkratzer mit sechzig Etagen. (...) Durch ein gläsernes Foyer gelangt man zu den Aufzügen. In der obersten Etage befindet sich mein Büro. Es ist ganz schlicht. (...) nur ein riesiger Raum, in dessen Mittelpunkt ein Schreibtisch steht. (...) Es ist ein wuchtiger Tisch, (...) Auf der Rückseite hat er Schubladen. (...) Richtig große Fächer mit scheinbar unbegrenztem Stauraum. An Abenden, wenn mein Gehirn nicht abschalten will, sondern wie eine Waschmaschine im Schleudergang arbeitet, fahre ich hinauf in mein Büro, gehe an den Schreibtisch und lege ein Problem nach dem anderen in den Schubladen ab. Mal sanft und vorsichtig, meist mit Schmackes und Lärm. (...) Wenn alle aktuellen Sorgen verstaut sind, verlasse ich das Büro und fahre wieder nach unten in die Lobby. (...) Ich (...) gehe immer weiter. Während ich aus meinen Schuhen schlappe, und die Socken ausziehe, blicke ich über die Schulter noch einmal zurück, hinauf zur obersten Etage, in der noch Licht brennt. Ich spüre Sand unter meinen Füßen. Der Lärm der Stadt, (...) ist verschwunden. An seine Stelle ist Meeresrauschen getreten. Leise brechen die Wellen, (...) Allein stehe ich am Strand und blicke hinaus auf den Ozean, in dem sich das goldgelbe Licht des aufgehenden Mondes spiegelt.«

Eine wirkungsvolle Art und Weise, Stress oder moderate Ängste abzubauen. Fabian Hambüchen nutzt dabei zwei erprobte Methoden, die auch Sie sich zu eigen machen sollten:

- Das vorübergehende Parken negativer Gedanken. Weg sind die Probleme damit ja nicht, aber wir versetzen uns in die Lage, uns – zumindest für eine gewisse Zeit – auf etwas anderes zu konzentrieren.
- Ein Bild vor dem geistigen Auge, das uns Ruhe und Energie spendet. Das kann zum Beispiel ein Strand sein, sanftes Wellenrauschen, die Mondsichel spiegelt sich im Wasser, oder ein Kraftort wie eine Blumenwiese, ein Steg an einem See morgens, wenn der Nebel darüber wabert und die Vögel zwitschern, oder ein Bergsee, ein Wasserfall im Wald oder der Tempel aus dem letzten Urlaub. Lassen Sie Ihre Fantasie spielen!

Motivation durch Beziehung

Interessieren Sie sich für das, was Sie gerade tun? Was entfacht in Ihnen das Feuer, das Sie Anstrengungen, Herausforderungen und Hürden meistern lässt, wieder und wieder? Der ehemalige Skispringer Sven Hannawald hat beim Tigers Career Day an der Uni Tübingen im Juli 2014 gesagt: »Mein Ziel war nicht Weltmeister oder Olympiasieger, sondern mein Ziel war immer der perfekte Sprung – das hat mich länger motiviert.«

Wir alle wissen, wie wichtig Motivation ist – für uns selbst und für andere. Für Führungskräfte, die diesen Bereich (ver)stärken, also an der eigenen Persönlichkeit arbeiten möchten, gibt es einen Schlüsselfaktor: Beziehungsmanagement. Der Mensch ist die Droge Nummer 1 für den Menschen. Davon abgesehen, dass Beziehungen auch Präventionsfaktor Nummer 1 gegen Stress und Burnout sind.

Respekt und Wertschätzung

Entscheidend ist, dass Menschen dabei immer als Individuen betrachtet werden. »Menschen wollen gesehen werden«, hat Pep Guardiola gesagt. Nicht nur im Sport, sondern auch in den Unternehmen brauchen wir Anerkennung, Respekt und Wertschätzung, und zwar auf eine sehr persönliche Art und Weise. Genau das wünschen sich die Mitarbeiter als Motivation. Daneben dürfen es natürlich auch gerne mal Boni als Belohnung am Ende des Jahres sein.

Wenn überhaupt, kann eine Führungskraft nur Motivation oder Motivator sein, wenn sie echtes Interesse am Gegenüber hat, die Werte, Bedürfnisse und Motive der Mitarbeiter kennt, ein guter Zuhörer und Kommunikator ist und die eigenen Motive zugunsten des Gesamtresultats hintanstellt.

Die Frage nach dem Wofür

Motivation ist Sache des Chefs, der Führungskraft. Darauf zahlt auch das Thema Ziele und Sinn ein. Es spricht nichts gegen etwas Druck. Den brauchen wir alle von Zeit zu Zeit, um über uns hinauszuwachsen. Vor allem geht es allerdings um das

»Wofür«. Eine Antwort auf die Frage »Wofür tun wir, was wir tun?« ist nicht immer ganz so einfach. Da gibt es Zweifel, vor allem dann, wenn man mit Problemen zu kämpfen hat und überlegt aufzugeben. Bei aller Unterstützung durch andere dürfen wir aber eines nicht vergessen: Letztendlich sind wir selbst für unsere Motivation verantwortlich. Das gilt für Mitarbeiter und Führungspersönlichkeiten gleichermaßen.

Herrmann Maier, der »Herminator« des Skifahrens, hat einmal sehr treffend gesagt: »Wenn ich darauf gewartet hätte, bis ich motiviert werde, hätte ich es nie zu etwas gebracht«. Führungskräfte sollten das natürlich mitbringen. Auch Oliver Kahn ist davon überzeugt, »dass man andere Menschen nicht dauerhaft motivieren kann. Menschen können nur sich selbst motivieren.« Daher darf man sich auch als Führungspersönlichkeit immer wieder selbst in den Allerwertesten treten.

- Fakt 1: Man kann andere Menschen nicht motivieren, wenn diese sich nicht motivieren lassen wollen.
- Fakt 2: Menschen verändern sich immer nur aus Gründen, die ihnen selbst wichtig sind und niemals, weil andere das gerne hätten.

Lebensfreude

Führungskräften muss es gelingen, dass die Ziele des Unternehmens zu den Zielen der Mitarbeiter werden. Ein wichtiger Punkt in diesem Zusammenhang ist die Lebensfreude. Auch wenn man diese niemandem verordnen kann, so kann ich sie doch vorleben. Diese Lebensfreude nährt sich aus einer Mischung von Erlebnissen zu Hause (Familienrückhalt etc.), aber auch im Beruf. In beiden Bereichen gilt: Stimmungen sind hochansteckend, wie es auch die Lebensfreude ist. Wenn ich selbst als Führungskraft jemand bin, der das nicht ausstrahlt, dann bin ich diesbezüglich sicher kein gutes Vorbild.

Umgang mit Niederlagen und Scheitern

Kompetente Führungspersönlichkeiten sind meistens in der Lage, mit ihren inneren Konflikten konstruktiv umzugehen. Aber wie sieht es mit Niederlagen aus? Was passiert, wenn sie scheitern?

Natürlich macht es mehr Spaß, wenn Dinge gelingen und wir Erfolg haben mit dem, was wir tun. Aber das ist nun mal nicht immer der Fall. Jeder Mensch wird irgendwann im Leben scheitern und Niederlagen wegstecken müssen. Im Kleinen wie im Großen.

Vielleicht war es nur das verlorene Tennismatch gegen den besten Freund in jungen Jahren. Oder der begehrte Job, den man trotz bester Voraussetzungen nicht bekommen hat. Manchmal gelingt unser Frühstücksei nicht perfekt, oder wir haben eine Aufgabe so lange vor uns hergeschoben, dass wir einen Abgabetermin nicht mehr einhalten können. Vielleicht haben wir aber auch schon einmal einen Sachverhalt völlig falsch eingeschätzt und deshalb Entscheidungen getroffen, die sich als Katastrophe erweisen.

Niemals aufgeben!

Dass wir mit unseren Rückschlägen nicht alleine sind, mag in der Situation selbst zunächst wenig helfen. Und doch prägt es unsere grundsätzliche Haltung, wenn wir uns all die Geschichten vom späten Erfolg vor Augen führen. Wie viele begnadete Künstler, Denker und Unternehmer mussten unendlich lange auf ihren Durchbruch warten, bis jemand nach vielen Anläufen ihr Potenzial erkannte? So wie Walt Disney, der mehrere Pleiten erleben musste und zu Beginn seiner Karriere gefeuert wurde, weil es ihm angeblich an Vorstellungskraft fehlte. Dass es ausgerechnet dem Schöpfer der Disney-Welt an Fantasie mangeln sollte, wirkt fast schon komisch.

Selbst Albert Einstein wurde – ebenso wie Thomas Edison – von seinen Lehrern für dumm gehalten. Dass dies offensichtlich ein Irrtum war, wissen wir inzwischen alle. Michael Jordan wurde auf der Highschool aus dem Basketballteam geworfen, Steve Jobs unehrenhaft entlassen. Oder denken Sie an die Beatles oder an Queen – deren Sound so anders war als das bisherige, dass sich Produzenten und Chefs von Plattenlabels verständlicherweise schwer damit taten.

BEISPIEL: NIEDERLAGE UND ERFOLG – JÜRGEN KLOPPS STRATEGIE

»Du selbst bist für deinen Erfolg verantwortlich, sei authentisch und ehrlich. Du kannst jeden begeistern, wenn du selbst für die Sache lebst«, so fasste es Fußballtrainer Jürgen Klopp 2015 auf einer Unternehmerkonferenz der Deutschen Vermögensberatung zusammen. Auch zum Thema Niederlagen hat er eine klare Meinung: »Lass dich davon nicht von deinem Weg abbringen. Ich persönlich schätze den Erfolg viel mehr, wenn ich davor Niederlagen einstecken musste. Danach den Auftrieb zusammen mit deinem Team zu erleben, ist ein unbeschreibliches Gefühl.«

Es gibt unzählige bekannte Persönlichkeiten, die mehr als einen großen Misserfolg über sich ergehen lassen mussten, bevor sie erfolgreich, ja außergewöhnlich erfolgreich wurden. Glauben Sie an Ihr Projekt und halten Sie durch. Erst recht, wenn es schwierig und holprig wird!

Strategie überprüfen

Warum also erwarten wir Menschen oftmals, dass etwas auf Anhieb gelingt? Dass immer alles leicht sein, einfach gehen muss? Dass das durchaus so sein kann, weil wir vielleicht etwas ausprobieren, das unserem Talent entspricht, oder wir gerade zur richtigen Zeit am richtigen Ort sind, ist nicht ausgeschlossen. Und wir dürfen und sollen es dann auch genießen. ABER all die Beispiele oben zeigen auch eines ganz deutlich: Ob persönliche Niederlagen oder geschäftliche Pleiten, Misserfolge sind nichts anderes als Warnsignale, kein STOPP-Schild.

Jedes Scheitern birgt die Möglichkeit, es mit einer etwas anderen Strategie noch einmal zu versuchen. Jeder Fehler hat das Potenzial, es beim nächsten Mal besser zu machen. Der Fußballer Mario Götze sagte vor vielen Jahren einmal: »Entscheidend ist die positive Ansprache unseres Trainers (*Anm. d. Verf.: Jürgen Klopp*). Auch bei den Videoanalysen geht es, wenn Fehler angesprochen werden, niemals darum, einen einzelnen Spieler persönlich zu kritisieren, sondern ausschließlich darum, Situationen positionsbedingt zu erklären.«

Der bekannte Fußballtrainer Pep Guardiola handelt ähnlich, indem er seinen Spielern immer wieder sein absolutes Vertrauen ausspricht: »Ich kann meine Spieler auf dem Platz oder beim Training triezen, aber an ihnen zweifeln? Nie.« Natürlich ist es richtig, im Moment des Scheiterns zunächst einmal auf sich selbst zu schauen. Andere zu kritisieren oder dafür verantwortlich zu machen, bringt uns nicht weiter. Besser ist die Triple-A-plus-A-Methode: **A**kzeptieren, **A**nalysieren, **A**bhaken und **A**ufstehen, Krone richten, weitergehen.

Vielleicht nehmen wir noch ein weiteres A dazu: **A**nlauf nehmen. Fragen Sie sich: Woran hat es gelegen? Was habe ich persönlich vielleicht falsch gemacht? Ohne sich jedoch völlig niederzumachen oder innerlich als Versager abzustempeln, sondern lieber im Detail nachzuforschen: Lag es an der Idee oder an den Ressourcen? Dann klappt auch die notwendige Veränderung. Dazu passt der folgende Spruch sehr gut: »Unterschätze niemals jemanden, der einen Schritt zurück geht. Er könnte Anlauf nehmen.«

Ohne Selbstreflexion geht es nicht

Diesen Schlüssel zur Persönlichkeit haben wir oben bereits ausführlich kennengelernt. Und letztendlich gilt natürlich auch, wenn kein Weg zum Ziel führt: Aufgeben ist keine Schande – ein Problem wird es erst, wenn man nichts daraus lernt.

Manchmal verwehren wir uns Wünsche und Träume aus Angst vor dem Versagen. Der Bestsellerautor und Erfolgstrainer Brian

Tracy empfiehlt in einem solchen Fall folgende Methode: Stellen Sie sich vor, Sie sind in einer Verfassung, in der es unmöglich wäre zu scheitern. Alles, was Sie anpacken, gelänge Ihnen ausnahmslos. Was würden Sie dann tun?

Spannende Frage, oder? Gelingt es uns außerdem, wie gerade beschrieben, mögliche Rückschläge als Lernmomente zu betrachten, können wir auch die Verantwortung für unser Tun übernehmen und die notwendige Zuversicht und Gelassenheit entwickeln, die zu einer starken Persönlichkeit gehört.

> Niederlagen dürfen uns nicht zum Anhalten, sondern lediglich zum Innehalten zwingen. Sie fordern uns zur Selbstreflexion und Analyse auf, zum Üben von Eigenverantwortung und persönlicher Entwicklung, eventuell zur Neuausrichtung. Dann befinden wir uns im Lösungsfindungs-Denken.

Und weil wir gerade schon beim Denken sind, habe ich gleich noch eine Übung für Sie.

Übung: Von Niederlagen profitieren

Denken Sie an einen Ihrer größten Misserfolge in Ihrem Leben zurück. Was haben Sie aus jener Situation und Erfahrung gelernt? Inwiefern sind Sie daran gereift? Wie würden Sie reagieren, wenn Ihnen das Gleiche morgen noch einmal widerfahren würde?

Das Leben ist ein Auf und Nieder. Erfolgreiche Menschen sind durch ihr Scheitern und das Lernen aus ihren Niederlagen groß geworden. Scheitern ist also nicht das Gegenteil von Erfolg, sondern vielmehr eine Voraussetzung dafür, als Persönlichkeit zu wachsen. Wer nach höheren Zielen strebt, muss in der Regel Wagemut beweisen, Risiken eingehen und sich auf unbekanntes Terrain begeben. Das birgt die Gefahr des Scheiterns – aber nur so kommen wir wirklich voran. Denn der Weg zum Ziel ist länger als ein Schritt auf der Fußmatte unserer Komfortzone. Es gibt keine Garantien, aber gewinnbringende Aussichten für den, der sich wirklich auf den Weg macht.

> Wer die Möglichkeit des Scheiterns aus Angst vor Misserfolgen meidet, bremst sich selbst aus. Damit kann man zum Meister in Vermeidungsstrategien werden, aber bestimmt nicht zum Glückskind der persönlichen Weiterentwicklung.

Vom Sport lernen

Sportler, vor allem, wenn sie Leistungssport betreiben, gelten als zielstrebig, diszipliniert und belastbar. Willensstärke gehört ebenso zu den Eigenschaften, die man ihnen nachsagt, wie Durchsetzungsfähigkeit. Als Teamplayer – und das gilt auch für Einzelsportarten – müssen sie sozial kompetent und kompromissbereit sein und sich integrieren können. Ohne Ehrgeiz geht im Wettkampf nichts. Zu sehr verbissen dürfen sie aber auch nicht sein, um Niederlagen möglichst gut und schnell wegstecken zu können. Ihre Stress- und Frustrationstoleranz ist entsprechend hoch, ebenso wie ihr Engagement. Na, wenn das keine Beschreibung für eine Persönlichkeit, ich würde sogar sagen, eine starke Persönlichkeit ist!

Ich selbst habe seit vielen Jahren mit unzähligen Sportlern zu tun, mit ganzen Mannschaften sowie deren Trainern und Betreuern. Es ist eine Welt für sich, die mich immer wieder fasziniert. Vor allem auch deshalb, weil sich viele Parallelen ziehen lassen zwischen der Sportwelt und der Wirtschaft im Allgemeinen sowie auch bezogen auf Unternehmen und Teams, Führungskräfte und deren Umgang mit ihren Mitarbeitern.

Es gibt nichts Spannenderes als Sportler zu beobachten, wenn sie von Wettkämpfen berichten. Die harte Vorbereitungsphase, die Aufregung je näher der Tag rückt, das Lampenfieber vor dem Start und die Befreiung, wenn nicht nur das tatsächliche Ziel, sondern auch eine eigene Bestzeit oder das anvisierte Ergebnis erreicht ist.

Zwischen Analyse und Disziplin

Oft bringen Sportler über eine lange Zeit konstant hohe Leistungen. Sie fokussieren sich voll und ganz auf ihre Disziplin. Sie analysieren – häufig gemeinsam mit ihrem Trainer – die Abläufe, was gut oder schlecht war und wie sich auch Kleinigkeiten immer weiter verbessern lassen, um vielleicht doch noch eine Millisekunde rauszuholen. Dann liegt es an ihnen selbst, diese neuen Abläufe in unzähligen Trainingseinheiten zu vertiefen, bis sie unbewusst so festsitzen, dass sie auch im Wettkampf unter Druck mühelos abgerufen werden können.

Ich stelle mir gerade vor, wie es wäre, wenn Unternehmen auch nur ansatzweise ähnlich vorgehen würden. Womit ich nicht ausschließen möchte, dass es in einigen tatsächlich passiert. Aber ich höre auch so viele Führungskräfte jammern, dass die Mitarbeiter nicht bereit sind, sich zu verändern, dass sie an alten Vorgehensweisen hängen und es überhaupt generell und überall an der Motivation mangelt.

»Der Feelgood-Boss« mit dem Spitznamen Kloppo

Unter den Spielern gilt er als Koryphäe. Unter den namhaften Trainern gehört er zur Elite. In diesem TaschenGuide haben wir ihn schon mehrmals erwähnt: Jürgen Klopp. Er ist zugleich eine schillernde Figur am Spielfeldrand und der Kumpel von nebenan. Er hat alles erreicht, was man im Fußball erreichen kann. Seine Persönlichkeit hat ihn dorthin getragen. Ein gutes Beispiel also, um zu prüfen, was ihn als Menschen auszeichnet, als Trainer unvergleichlich macht und schließlich auch seine Führungsstärke ausmacht. Dass er die hat, bestätigte sogar das manager magazin (5/2019), das ihn auf der Titelseite als »Der Feelgood-Boss« bezeichnete. Im Artikel ist zu lesen »Was Manager von Deutschlands bestem Trainer Jürgen Klopp lernen können«.

Eines steht fest: Jürgen Klopp zieht nicht nur Spieler und Vereine magisch an, auch Unternehmen schätzen seine Ausstrahlung als Werbebotschafter. So beispielsweise die Deutsche Vermögensberatung, auf deren Teamblog er in seiner Jürgen-Klopp-Kolumne regelmäßig neue Beiträge veröffentlicht. Im September 2019 ist unter dem Titel »Ein Jahr Vollgas auf der Insel« zum Thema »Teamgeist entwickeln« zu lesen: »Das hat viel mit der Persönlichkeit zu tun, mit einer positiven Ausstrahlung, aber auch mit einer unerschütterlichen Überzeugung von der gemeinsamen Sache. So können Sie Menschen von einem Ziel begeistern.« Er ist davon überzeugt: »Man muss immer authentisch bleiben, und muss die Menschen durch Kompetenz und Wissen überzeugen.«

Markante Aussagen einer markanten Persönlichkeit. Nicht umsonst wurde er für seine emotionale Art auf dem Fußballplatz wie am Spielfeldrand oft kritisiert. Geändert hat er sich nicht, »und genau deshalb an Führungsstärke gewonnen«, schreibt Prof. Dr. Florian Kainz, Direktor Internationales Fußball Institut, in seinem Beitrag im Magazin Sport Business. In der Herbstausgabe 2019 ziert Klopp ebenfalls das Titelblatt, dieses Mal als »Menschenfänger. Emotional I Intelligent I Visionär«.

Auf 12 Seiten ist von »The normal One« und dem Entertainer die Rede. Florian Kainz kommentiert: »(...) Klopp weist Kompetenzen auf, mit denen auch Top-Manager in der Wirtschaft punkten: ergebnisorientiertes Handeln, Kommunikationsfähigkeit, Teamfähigkeit, Entscheidungsfähigkeit und ganzheitliches Denken. ( ) ein Top-Performer. Zudem hat er eine sehr gute Ausstrahlung und wirkt absolut authentisch. (...) Weil er es geschafft hat, trotz aller Aufmerksamkeit sich selbst und seinen Grundwerten treu zu bleiben. Die Basis dafür ist die Akzeptanz für die Person, die man ist.«

Persönlichkeiten und persönliche Begegnungen

Neben Jürgen Klopp gibt es unzählige weitere große Namen aus dem Fußball, die als Persönlichkeit überzeugen, authentisch und charismatisch sind, und so – je nachdem, welche Rolle sie einnehmen – bei Vereinen und Funktionären, Spielern und Fans, Reportern und Geldgebern überzeugen. Ob Niko Kovac, Hansi Flick oder Oliver Kahn – von jeder dieser außergewöhnlichen Persönlichkeiten gäbe es viel zu lernen.

Die Welt des Sports ist eine faszinierende Welt und ebenso viele faszinierende Persönlichkeiten finden sich darin. Aber das gilt natürlich auch für alle anderen Bereiche, ob in der Wirtschaft oder in den Unternehmen, ob im privaten Umfeld, im Ehrenamt oder in der Politik. Wenn Sie die Augen offenhalten, dann werden Sie feststellen, dass Ihnen auch auf der Straße, im Café, in der Kantine immer wieder Menschen begegnen, die das gewisse Etwas in sich tragen, ohne nach außen irgendwie besonders auffällig zu sein.

Wenn Sie das nächste Mal einer solchen Persönlichkeit begegnen, sich von jemandem mit Charisma magisch angezogen fühlen, dann lassen Sie sich darauf ein, nehmen Sie den Kontakt auf, sprechen Sie diesen Menschen einfach an. Ich kann Ihnen versichern, die Gespräche, die sich daraus ergeben, sind wundervoll und bereichern auch Ihre Persönlichkeit.

Veränderung der Persönlichkeit: Was ist möglich?

Inwieweit sich Menschen verändern können, darüber scheiden sich die Geister. Dass wir uns verändern müssen, daran führt kein Weg vorbei. Der stete Wandel verlangt es von uns sowohl im Berufs- als auch im Privatleben.

In diesem Kapitel lesen Sie mehr

- zur Grundstruktur der Persönlichkeit und dem Umgang mit Erlebnissen,
- zu den Big-Five-Persönlichkeitsmerkmalen,
- zum Verhältnis zwischen Veränderung und Stabilität.

Möglichkeiten und Grenzen

> »Das Große ist nicht, dies oder das zu sein,
> sondern man selbst zu sein.«
> *(Søren Kierkegaard)*

Persönlichkeitsentwicklung ist gerade hoch im Kurs. Höher, schneller, weiter – das gilt nicht mehr nur im Sport im Kampf um die Medaille. Wir alle sollen permanent besser werden. Lebenslanges Lernen ist angesagt – und in Zeiten wie den unseren unumgänglich. Wie auch sonst soll man dem Change begegnen? Die ständigen Veränderungen stemmen? Der Digitalisierung und Disruption gewachsen sein oder einfach nur auf der Karriereleiter immer weiter nach oben klettern?

In Seminaren wird gerne davon gesprochen, dass man als Persönlichkeit wachsen, sich ständig weiterentwickeln kann. Fraglich ist nur:

- Müssen wir das auch?
- Wollen das wirklich alle?
- Und warum sollen wir es?

Nach dem, was wir bislang über Persönlichkeit gelesen und erfahren haben, sei an dieser Stelle auch die Frage erlaubt:

- Geht das denn tatsächlich? Und vor allem, inwieweit ist das überhaupt sinnvoll?

Sollten wir Menschen nicht eher ermöglichen, sich frei zu entfalten? All die Masken fallen zu lassen, Rollen abzustreifen und dem permanenten Optimierungswahn zu entkommen, indem sie einfach sind? Dieses Sein-dürfen als Persönlichkeit, die Freiheit, sich nicht verstellen und immer besser werden zu müssen – ist das nicht eine schöne Vorstellung?

Nicht gegen andere, sondern mit uns selbst

Das heißt selbstverständlich nicht, dass man nicht an sich arbeiten kann oder sich verbessern soll. Aber bitte immer unter ganz individuellen Gesichtspunkten und nicht im permanenten Vergleich mit anderen. Es geht darum, – sofern man das auch will – das Beste aus sich selbst und seinen Möglichkeiten zu machen. Dann ist es kein *Gegen* andere, sondern ein *Mit* sich selbst. Das gilt natürlich nicht für den klassischen Wettkampf im Sport, den wir eben als Beispiel herangezogen haben. Aber ich gehe mal davon aus, dass die wenigsten Leser dieses TaschenGuides Leistungssportler sind oder es irgendwann einmal werden.

Sprechen wir davon, Persönlichkeitsmerkmale zu verändern, geraten wir sehr schnell in den Bereich der Psychotherapie. Diesen Sektor wollen wir jedoch lieber Therapeuten überlassen. In diesem Buch beschäftigt uns vielmehr die Frage, wie man seine Persönlichkeit und sein Charisma entwickeln kann und auf diese Weise selbstwirksamer wird und besser führt.

Der eigene Wunsch zur Veränderung

Die Ausgangsbasis muss sein, dass wir uns tatsächlich verändern wollen. Denn es ist der eigene, starke Wille, der nämlich doch einiges möglich macht. Deutlich mehr jedenfalls, als wenn wir nur einem sozialen Druck nachgeben oder einer Aufforderung von außen. Sie kennen das Phänomen sicher von Kindern und Jugendlichen, die plötzlich – auch wenn zuvor die Leistungen eher schlecht waren und alle Appelle von Eltern und Lehrer ins Leere liefen – freiwillig und mit Begeisterung lernen, sobald sie selbst ein Ziel haben.

Natürlich sind auch da Grenzen gegeben. Nicht jeder ist ein Genie, und trotz stundenlangen Paukens kann es sein, dass für andere völlig logische Zusammenhänge sich uns einfach nicht erschließen wollen. Die Relation von Kraft, Zeit und Aufwand, um ein Ziel zu erreichen, darf nicht außen vorgelassen werden.

Auch wenn in unserer Leistungsgesellschaft oft suggeriert wird: »Du kannst *alles* schaffen, wenn du es nur willst und dich fest genug anstrengst.« Das ist Unsinn!

In vielen Fällen sind die Möglichkeiten eben doch begrenzt, auch wenn man durch Fleiß die eine oder andere Hürde überwinden kann. Das trifft auch auf unsere Persönlichkeit zu. Diese ist – und da ist sich die Wissenschaft ziemlich einig – nur wenig veränderbar. Was wir aber verändern können, ist unsere Einschätzung, unsere Beurteilung. Axel Esser bringt es auf den Punkt: »Die Grundstruktur einer Persönlichkeit ist sicher über die Lebensspanne eine stabile. Was sich aber verändern lässt, ist der Umgang mit dem eigenen Erleben und der Umwelt. Hier können (Lern-)Prozesse, auch im Rahmen therapeutischer Prozesse, in Gang gesetzt werden, die zu einem neuen und ‚gesünderen' Umgang mit der Welt führen.«

> Der Umgang mit dem, was uns ausmacht, ist erlernbar. Und dazu gehört unweigerlich auch, sich vielleicht manchmal lieber selbst zu akzeptieren, als eine Veränderung anzustreben – mit letztendlich jeder Konsequenz und ohne Rücksicht auf Verluste. Denken Sie doch einfach einmal über diese Alternativen nach.

Veränderung – eine Lebensaufgabe

Nachdem Werte unsere Persönlichkeit ausmachen, ist es wichtig, genau zu überlegen, was wir verändern wollen. Und ob diese Ziele noch zu unseren tief verwurzelten Werten passen. Ansonsten ist die Gefahr groß, dass etwas auf der Strecke bleibt, sei es unsere Selbstachtung, sei es der Respekt anderer Menschen oder einfach »nur« unsere Gesundheit.

Wir kommen an Veränderungen nicht vorbei – und ein Teil davon wird zwangsläufig Auswirkungen auf unsere Persönlichkeit haben. Leichter geht all dies, wenn wir selbst dazu bereit sind. Fühlen wir uns überredet von jemand anderen, sind wir also nicht überzeugt, dass es unsere Entscheidung ist, erwacht oft Widerstand. Und der tut weder der Veränderung noch unserer Persönlichkeit gut.

Und es stimmt ja, eigentlich wollen wir keine Veränderungen – zumindest ist es eher die Ausnahme, dass sich jemand spontan darüber freut. Vielmehr sind wir skeptisch, hängen an Gewohntem, suchen nach Bestätigung und Ruhe statt nach ständig neuen Perspektiven. Zumindest im beruflichen Kontext. Für Neues haben wir kein Muster, keine Erfahrungswerte, und oft macht es uns einfach nur Angst. Auch das kann durchaus ein Treiber sein, allerdings nur, wenn es Aussicht darauf gibt, dass wir zugleich unsere Angst und die Veränderung bewältigen können. Dann, ja dann wachsen wir und dann wächst auch unsere Persönlichkeit.

Reife gewinnen

Das Thema Alter wird im Zusammenhang mit der Persönlichkeit immer wieder ins Spiel gebracht. Eher selten sprechen wir bei einem Kind von einer Persönlichkeit, schon eher von einem Dickkopf oder einer Prinzessin. Auch wenn sich dahinter bestimmte Persönlichkeitsmerkmale abzeichnen, befinden sich Kinder generell noch in einem Entwicklungsprozess. Was nicht heißen soll, dass bestimmte Entwicklungsphasen sich immer einem ausdrücklichen Lebensabschnitt zuweisen lassen. Vielmehr sind es eher Ereignisse, die oftmals zur Veränderung unserer Persönlichkeit beitragen. Je kritischer, sprich emotionaler diese sind, desto stärker die Veränderung. Unselbstständigkeit (solange die Eltern sich um alles kümmern) kann sich bei deren Verlust schnell zu Pflichtbewusstsein (ggf. gegenüber jüngeren Geschwistern oder der eigenen Firma) wandeln.

Wissenschaftlich nachgewiesen ist, dass Menschen bestimmte Reifungsprozesse durchlaufen. Dazu zählt beispielsweise der Übergang zwischen Schule und Studium und der Eintritt ins Berufsleben. Heiraten wir, sind wir erfahrungsgemäß nicht mehr so extravertiert wie vielleicht noch während der Suche nach der großen Liebe. Das heißt, wir passen unsere Persönlichkeit den Umständen an. Das bedeutet aber auch, dass es denkbar ist, die eigene Persönlichkeit ganz bewusst zu verändern.

Um meine Persönlichkeit zu ändern, muss ich mich aber erst einmal wirklich selber kennenlernen. Wie Sie das erreichen können, haben Sie im Kapitel »Selbstreflexion« bereits erfahren. Sie wissen also schon, wie hilfreich Meditation ist und Zeit, die Sie mit sich selbst verbringen. Wie wichtig es ist, Feedback aus Ihrem Umfeld einzuholen und sich Vorbilder zu suchen, die eine Persönlichkeit verkörpern, wie Sie sie anstreben. Zusätzlich können Sie auch Persönlichkeitstests einsetzen wie den Myers-Briggs-Typenindikator und Insights MDI® oder den Strengths-Finder nutzen.

> Man kann es nicht oft genug sagen: Erst wenn Sie sich selber annehmen, so wie Sie sind, mit all Ihren Ecken und Kanten, können Sie auch an sich arbeiten und Ihre Persönlichkeit ein Stück weit verändern. Das braucht jedoch Zeit, Geduld und Fleiß. Die alten Autobahnen zu verlassen und im Gehirn aus Trampelpfaden neue Autobahnen werden zu lassen, geht nicht von heute auf morgen.

Ich will Ihnen nichts vormachen: Es sind ein starker Wille, großes Durchhaltevermögen und eine gehörige Investition an Zeit nötig, um nachhaltig Änderungen an der eigenen Persönlichkeit zu bewirken.

Big-Five-Persönlichkeitsmerkmale

Im ersten Kapitel dieses TaschenGuides habe ich die Big Five bereits kurz vorgestellt. An dieser Stelle möchte ich das Modell noch einmal aufgreifen und etwas vertiefen. Denn es prägt nicht nur unser Verständnis der menschlichen Natur, sondern hilft uns auch bei der Suche nach der Antwort, inwieweit sich Persönlichkeit gezielt verändern lässt. Im Englischen wird dieses Modell auch OCEAN-Modell genannt. Der Begriff ergibt sich aus den Anfangsbuchstaben der englischen Begriffe:

- **O** = Openness to new experience = Offenheit gegenüber neuen Erfahrungen
- **C** = Conscientiousness = Gewissenhaftigkeit
- **E** = Extraversion = Extroversion
- **A** = Agreeableness = Verträglichkeit
- **N** = Neuroticsism = Neurozitismus

Schauen wir uns die fünf Merkmale einmal genauer an.

1. **Extraversion** – Extravertierte Menschen suchen Kontakt zu anderen, sind gesprächig, energisch, können begeistern und

sind aktiv. Sie lieben Spaß, handeln spontan – und zeigen eine gute Durchsetzungskraft. Diese Dimension steht für Geselligkeit und ein hohes Energieniveau.

2. **Verträglichkeit** – Menschen, die in hohem Maße über diese Eigenschaft verfügen, begegnen anderen mit Verständnis, Wohlwollen und Mitgefühl. Sie sind großzügig, freundlich, harmoniebedürftig, warmherzig, bemüht, anderen zu helfen, und überzeugt, dass diese sich ebenso hilfsbereit verhalten werden. Sie neigen zu zwischenmenschlichem Vertrauen, zur Kooperation und zur Nachgiebigkeit.

3. **Gewissenhaftigkeit** – Zuverlässigkeit, Disziplin, Durchhaltevermögen, Ordnung, strukturiertes Vorgehen und hohes Pflichtbewusstsein machen diese Dimension der Persönlichkeit aus.

4. **Neurotizismus** – Ist dieser Faktor stark ausgeprägt, handelt es sich um ängstliche, nervöse, unsichere, verlegene, angespannte, labile Personen, die sich zudem oft Sorgen machen, schnell gekränkt sind, Schuldgefühle haben und sich gern selbst bemitleiden. Sie tendieren zu Sorgen um ihre Gesundheit. Wer nur einen geringen Grad an Neurotizismus aufweist, tritt ruhig, stabil und selbstsicher auf und kann auch Kritik gut wegstecken und konstruktiv annehmen.

5. **Offenheit** für Erfahrungen (Aufgeschlossenheit) – Mit diesem Merkmal werden das Interesse an und das Ausmaß der Beschäftigung mit Erfahrungen, Erlebnissen und Eindrücken

beschrieben. Personen mit großer Offenheit suchen Aufregung und Abwechslung. Zudem beschreibt dieser Faktor die Interessensbreite und die Risikobereitschaft eines Menschen. Wenig Offenheit führt zu introvertiertem, schüchternem, stillem und eher reflektiertem Verhalten.

Auch wenn die Big Five umstritten sind, so bilden sie doch eine gute Basis, um Persönlichkeitsmerkmale für sich selbst leichter einordnen und Menschen besser einschätzen zu können. Dieser TaschenGuide erhebt keinen Anspruch auf Vollständigkeit, weder was die vollumfängliche wissenschaftliche Absicherung noch was die Umsetzbarkeit in der Praxis anbelangt.

Wir Menschen lernen nicht nur manchmal, sondern in den überwiegenden Fällen nach dem Trial-and-Error-Prinzip. Wir leben und wenden an, wir probieren und scheitern. Tun wir es in der besten Absicht und so gut wir es zu eben jedem Zeitpunkt wissen und können, ist all das richtig und wichtig für unsere Entwicklung. Wobei wir wieder bei der Persönlichkeit, unserem Schwerpunkt, wären und der Frage, wie wir bei uns selbst und bei anderen Personen Veränderungen herbeiführen können.

Stabilität und Veränderung

Die Meinungen gehen auseinander, wie stabil die Persönlichkeit ist beziehungsweise wie veränderbar wir als Menschen in den verschiedenen Lebensphasen sind. Die Frage, ob uns die

Gene oder die Umwelt mehr beeinflussen, haben wir im Kapitel »Persönlichkeit – was ist das überhaupt?« bereits gestreift.

Im ersten Lebensjahr lernen wir enorm viel, wachsen körperlich prozentual am meisten und verändern uns. Das alles bezieht sich aber weitgehend auf äußere Merkmale sowie unsere Sensorik und Motorik. Im Jugend- bis hin zum jungen Erwachsenenalter festigt sich unsere Persönlichkeit. Sie wird stabiler, auch wenn in der Pubertät von uns selbst noch einmal alles infrage gestellt wird. Bevor im Alter, je nachdem, wie körperlich und geistig fit wir noch sind, die Persönlichkeit sich noch einmal deutlich verändern kann, haben wir eine Spanne zwischen ca. 30 und 70 Jahren, in der es darum geht, wie flexibel wir sind.

Es gab in der Geschichte schon immer Zeiten mit einem hohen Maß an Veränderung. Gerade erleben wir wieder eine solche Phase. Wobei es mir schwerfällt, von einer Phase zu sprechen. Gefühlt holen uns die Veränderungen schneller ein, als wir manchmal (mit)denken können, ja sie überholen sich manchmal selber. Uns bleibt letztlich nichts anderes übrig als mitzugehen, zumindest soweit es für uns selbst, unser Business oder das unserer Kunden wichtig ist.

Zu sich selbst finden und ankommen

Wir sprechen von der Veränderung der Persönlichkeit, wohlwissend, dass wir ein Leben lang wachsen (können), was unsere kognitive Leistungsfähigkeit, unsere soziale Kompetenz und andere Fertigkeiten anbelangt. Eine wichtige Frage ist, ob wir das auch wollen. Immer Neues erkunden, uns intellektuell weiterbilden, jede Veränderung als spannende Entwicklung zu sehen – das macht Spaß, solange wir im Fluss sind, aktiv am Arbeitsprozess beteiligt.

Aber wie sieht das aus, wenn wir an Jahren reifen und nicht mehr jede Neuerung gleich als Erster haben, mitmachen, erleben müssen. Wächst hierdurch nicht auch eine Art von Gelassenheit in uns? Bringt eine gewisse Stabilisierung der Persönlichkeit ab der rechnerischen Mitte unseres Lebens nicht auch etwas Tröstliches mit sich? Das »zu sich selbst Finden« und Ankommen bedeutet ja noch lange nicht, dass wir uns nicht mehr erneut auf den Weg machen. Aber vielleicht nicht sofort. Vielleicht verweilen wir einfach eine Zeit lang und genießen das, was uns als Persönlichkeit ausmacht, brechen aus dem ewigen Optimierungswahn aus.

Etwas Gutes hat das: Dass wir, ruhend in uns selbst, vielleicht auch damit aufhören, ständig andere Menschen um uns herum ändern zu wollen. Wie oft wollten wir in der Familie oder auch im Kollegenkreis schon jemanden davon überzeugen, dass er oder sie sich ändern soll. Doch auch die besten Argumente stoßen da meist auf taube Ohren. Und auch, wenn vielleicht eine gewisse Einsicht vorhanden ist, verfallen unsere Kinder, unsere Mitarbeiter, unsere Freundinnen und Bekannte doch wieder in ihre alten Gewohnheiten.

Königsweg Verständnis

Doch was gibt es an Alternativen, wenn wir uns Veränderungen wünschen, die nicht nur unser eigenes Verhalten betreffen, sondern auch das Zutun unseres Umfeldes erfordern?

Befehle helfen, aber nur bedingt, vor allem im Berufsleben. Denn erkennen Mitarbeiter nicht den Sinn in Veränderungen, sind diese meist nur für eine gewisse Dauer zu halten. Und sie erzielen auch nicht den bestmöglichen Wirkungsgrad, weil bei der Umsetzung die (eigene) Begeisterung und Überzeugung fehlen.

An die Einsicht appellieren, bestrafen oder belohnen – das alles hilft ebenfalls nur sehr eingeschränkt. Es kann individuell, je nachdem, welchen Persönlichkeitstypus Sie vor sich haben, klappen, aber eine Garantie gibt es nicht. Vor allem, weil die meisten Menschen dazu tendieren, am liebsten so weiterzumachen wie bisher – zumindest dann, wenn es funktioniert hat, und sei es auch nur einigermaßen. Alles ist besser, als sich auf das Neue, Unbekannte einzulassen, speziell, wenn es keine Garantie gibt, dass Neuerungen tatsächlich etwas verbessern.

Vielleicht nützt auch hier nur eines: Verständnis, für uns selbst ebenso wie für andere. Verständnis, dass wir einzigartige Persönlichkeiten sind. Dass wir uns in einem »selbst-stabilisierenden Prozess« befinden. Machen wir uns klar, was der Hirnforscher und Biologe Gerhard Roth in seinem Grundlagenwerk »Warum es so schwierig ist, sich und andere zu verändern« zusammenfassend schreibt: »Wissenschaftliche Erkenntnisse und praktischer Realismus sagen uns: Menschen wandeln sich ihr Leben lang, aber die hierbei auftretenden Veränderungen können in Art und Ausmaß sehr unterschiedlich ausfallen.«

Und die Welt dreht sich weiter

Unsere Gesellschaft verändert sich. Unsere Arbeitswelt sieht morgen schon wieder anders aus als noch heute. In den Jahren 2020 und 2021 haben wir alle hautnah miterlebt, wie schnell ein kleines Virus so große Veränderungen einläuten kann, dass wir alle noch nicht absehen können, inwieweit diese auch unsere nahe und ferne Zukunft beeinflussen werden. Trotzdem dreht sich die Welt unaufhörlich weiter. Deshalb können wir auch mit diesem TaschenGuide die Frage nach der höchsten Selbstwirksamkeit und der bestmöglichen Führung nicht abschließend klären und final beantworten. Aber eines steht für mich fest: Je schneller und besser wir es schaffen, – unabhängig von persönlichem Befinden und den Dingen, die von außen auf uns einströmen – wertschätzende Beziehungen aufzubauen und zu pflegen, sei es im privaten oder beruflichen Umfeld, umso eher erleben wir als Persönlichkeit mentale Gesundheit, Erfolg – was immer Erfolg für Sie bedeutet –, Lebensqualität und Lebensfreude, für uns selbst, im Team und in der Gesellschaft.

Auf einen Blick: Veränderung der Persönlichkeit

- Nur der echte Wille zu Veränderung schafft Veränderung – großes Durchhaltevermögen und Geduld vorausgesetzt.
- Veränderungen bestimmen unser Leben. Heute mehr denn je. Schneller und heftiger als zuvor. Statt in Konkurrenz zu treten und sich zu vergleichen, schaffen wir den Wandel leichter, wenn wir das Beste aus unseren eigenen Möglichkeiten machen.
- Keine Veränderung ohne Selbsterkenntnis! Das Big-Five-Modell hilft, unsere Persönlichkeitsmerkmale konkret zu erfassen.
- Verständnis und Wertschätzung für sich selbst und andere sind der Schlüssel zu mentaler Gesundheit, Erfolg und Persönlichkeit.

Literatur

Asendorpf, Jens B.: Persönlichkeit, Was uns ausmacht und warum, Berlin 2018

https://www.capital.de, 4 Lehren aus 4 Manager-Jahrzehnten, Hamburg 2017

Carnegie, Dale: Führen mit Persönlichkeit, Wie Sie sich selbst und andere zu Höchstleistungen motivieren, Frankfurt am Main 2017.

Clifton, Jim/Harter, Jim: Auf die Führungskraft kommt es an! Die 52 Gallup Erfolgsgeheimnisse zur Zukunft der Arbeit, Campus 2019.

Covey, Stephen R.: Leadership, Essentials für die Unternehmensführung, Offenbach 2014.

Der Erfolgreiche Weg 05/2019, Königstein 2019.

https://www.dvag-karriere.de/teamblog, Frankfurt 2019

Grzeskowitz, Ilja: Radikal menschlich, Erfolgsfaktor Persönlichkeit in Zeiten der Veränderung, Offenbach 2018.

Heimsoeth, Antje: Kopf gewinnt! Mit mentaler und emotionaler Stärke zu mehr Führungskompetenz, Wiesbaden 2017.

https://karrierebibel.de/persoenlichkeit/, Kerpen 2017.

Kreyßig, Nele: Warum es Bullshit ist, andere verändern zu wollen, Offenbach 2020.

Löhken, Sylvia: Leise Menschen – starke Wirkung, Wie Sie Präsenz zeigen und Gehör finden, Offenbach 2013.

Löhken, Sylvia: Intros und Extros, Wie sie miteinander umgehen und voneinander profitieren, Offenbach 2014.

manager magazin 5/2019, Der Feelgood-Boss, Hamburg 2019.

Nettle, Daniel: Persönlichkeit, Warum du bist, wie du bist, Köln 2012.

Neyer, Franz J./Asendorpf, Jens B.: Psychologie der Persönlichkeit, Berlin 2018.

Roth, Gerhard: Warum es so schwierig ist, sich und andere zu ändern, Persönlichkeit, Entscheidung und Verhalten, Stuttgart 2019.

Sonntag, Karlheinz (Hrsg.): Personalentwicklung in Organisationen: Psychologische Grundlagen, Methoden und Strategien, Göttingen 2016.

Sport Business Herbstausgabe 2019, Menschenfänger. Emotional I Intelligent I Visionär, Salzburg 2019

Sprenger, Reinhard K.: 30 Minuten für mehr Motivation, Offenbach 2002.

Ware, Bronnie: 5 Dinge, die Sterbende am meisten bereuen: Einsichten, die ihr Leben verändern werden, München 2013.

Stichwortverzeichnis

Authentizität 75

Begeisterungsfähigkeit 53
Big Five 16, 114

Charakterstärken 50
Charisma, Definition 40
Charme 44

Dankbarkeit 58

Führungspersönlichkeit 84

Gedankenreise 93

Kommunikation 55, 76
Konfliktlösung 76
Körpersprache 55
Kritiker, innerer 49

Mentaltraining 31
Milieu, soziales 15
Motivation 94

Niederlage 97

Optimismus 55

Persona 9
Persönlichkeit 9
Perspektivenwechsel 78
Präsenz 40, 74

Resilienz 62
Respekt 95

Selbstbild 33
Selbstreflexion 29
Selbstvertrauen 50, 89
Selbstwertgefühl 60

Veränderung 111
Verhaltensmuster 11
Vorbilder 22, 56

Wertschätzung 53, 95

Ziele 31, 71
Zuhören, aktives 77
Zwillingsforschung 14

Impressum

Bibliografische Information der Deutschen Nationalbibliothek
Die Deutsche Nationalbibliothek verzeichnet diese Publikation in der Deutschen Nationalbibliografie; detaillierte bibliografische Daten sind im Internet über http://www.dnb.dnb.de abrufbar.

Print:	ISBN: 978-3-648-15305-5	Bestell-Nr.: 10765-0001
ePub:	ISBN: 978-3-648-15307-9	Bestell-Nr.: 10765-0100
ePDF:	ISBN: 978-3-648-15306-2	Bestell-Nr.: 10765-0150

Antje Heimsoeth
Erfolgreich mit Persönlichkeit und Charisma
1. Auflage 2021

© 2021, Haufe-Lexware GmbH & Co. KG, Munzinger Straße 9, 79111 Freiburg
Redaktionsanschrift: Fraunhoferstraße 5, 82152 Planegg/München
Internet: www.haufe.de
E-Mail: online@haufe.de
Redaktion: Jürgen Fischer

Konzeption, Realisation und Lektorat: Nicole Jähnichen und Gisela Fichtl, München
Bildnachweis (Cover): lassedesignen, Adobe Stock
Bildnachweis (Illustrationen Innenteil): Kerstin Diacont

Alle Rechte, auch die des auszugsweisen Nachdrucks, der fotomechanischen Wiedergabe (einschließlich Mikrokopie) sowie der Auswertung durch Datenbanken oder ähnliche Einrichtungen, vorbehalten.

Interviewpartner:innen

Axel Esser hat BWL, Psychologie und Wirtschaftsphilosophie studiert und arbeitet seit 1994 als Trainer, Coach und Berater für führende Unternehmen der Automobilbranche. 2003 übernahm er die sportpsychologische Betreuung der deutschen Hockey-Damen-Nationalmannschaft. Seit 2006 ist er Gesellschafter der HGS Concept GmbH mit Sitz in Fulda, Hannover und Shanghai.

Sarah Fink berät als Marketing Acceleration Director Europe bei der Mars GmbH die Führungskräfte der europäischen Niederlassungen hinsichtlich ihrer Portfoliostrategie. Sarah Fink verfügt über knapp 20 Jahre Erfahrung in Sales und Marketing in der europäischen FMCG Branche. Eine starke Persönlichkeit und Charisma sind für sie essenzielle Leadership-Eigenschaften. Für die persönliche Weiterentwicklung anderer begeistert sie sich mindestens so sehr wie für ihre eigene.

Claudia Kimich ist Diplom-Informatikerin, systemischer Coach, Trainerin, Rednerin zu den Themen Verhandlung, Schlagfertigkeit, Selbstmarketing und Technikerkommunikation. Bei ihr wird keine Minute verschwendet – sie kommt sofort auf den Punkt. Sie werden sie nie wieder vergessen.

Gabriele Mair ist eine passionierte Persönlichkeit mit Herz, Charisma, Leidenschaft und Vision. Die international versierte HR-Führungskraft hat den Fokus, durch und mit Menschen zu bewegen.

Beate Eberle ist in einem weltführenden Logistikunternehmen tätig.

Die Autorin

Antje Heimsoeth

die Gründerin der Heimsoeth Academy, berät und trainiert Vorstände und Führungskräfte. Sie gehört zu den bekanntesten Mental Coaches im deutschsprachigen Raum. Ihre Erfahrung mit internationalen Konzernen, Mittelständlern sowie Spitzensportlern machen sie zu einer der gefragtesten Vortragsrednerinnen. Ihre Veröffentlichungen in bekannten Verlagen unterstreichen ihre Fachkompetenz.

Sie versteht es, mit Zitaten, Bildern und Beispielen ihre Aussagen zu verdeutlichen. Besonders am Herzen liegen ihr: Respekt, Vertrauen, Wertschätzung, Menschlichkeit.

Sie wurde unter anderem als »Speaker des Jahres 2014 und 2021« ausgezeichnet. Bei Managern und Medien gilt sie als »renommierteste Motivationstrainerin Deutschlands«. 2019 wurde sie zum Senat der Wirtschaft berufen und so Teil eines exklusiven Kreises von Persönlichkeiten aus Wirtschaft, Wissenschaft und Gesellschaft.

Außerdem geht sie auch auf Sendung bei Fernsehsendern wie RTL, in Zeitungen wie F.A.Z. sowie im Radio bei Bayern 3. Mehr zur Autorin: www.antje-heimsoeth.com sowie www.heimsoeth-academy.com.

128 Seiten
Buch: € **9,95** [D] | eBook: **€ 4,99**

Ob Gesprächsführung, Entscheidungen treffen oder Krisenmanagement – der TaschenGuide bringt es kurz und präzise auf den Punkt. Für junge Führungskräfte ebenso wie für alte Hasen im Chefsessel.

Jetzt versandkostenfrei bestellen:
taschenguide.de
0800 50 50 445 (Anruf kostenlos) oder in Ihrer Buchhandlung